KB261879

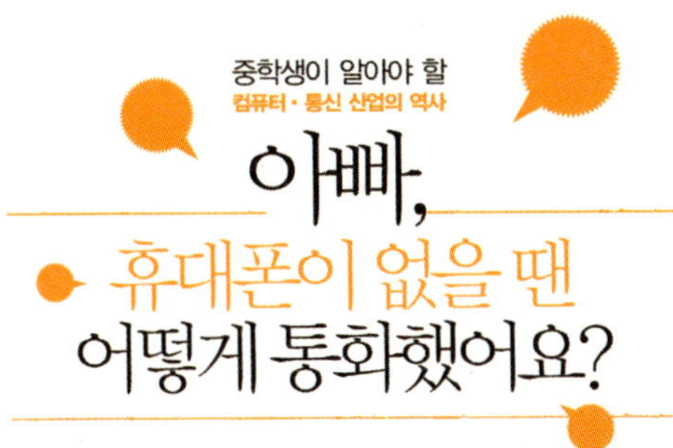

아빠,
휴대폰이 없을 땐
어떻게 통화했어요?

아빠,
휴대폰이 없을 땐
어떻게 통화했어요?

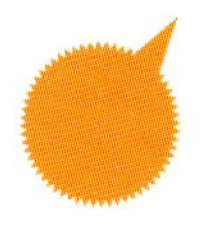

글 이장욱
그림 박철권
감수 홍성필 · 이민형

잉카운터 ENCOUNTER

*이 책은 지식경제부의 지원을 받아 한국산업기술진흥원이 기획·발간하였으며, 저작권은 한국
산업기술진흥원이 소유하고 있습니다.

History of technology 시리즈 1

아빠, 휴대폰이 없을 땐 어떻게 통화했어요?
– 중학생이 알아야 할 컴퓨터·통신 산업의 역사

초판 1쇄 발행 2013년 2월 13일
초판 2쇄 발행 2013년 8월 30일

기획   한국산업기술진흥원
             원장 김용근
             총괄진행 기술문화팀 한상영, 백대우
자료조사   과학기술정책연구원 송위진, 홍성주
검토   한국정보화진흥원 류석상, 과학칼럼니스트 강석기,
             천안용곡중학교 백현일, 파주지산중학교 정진우
직업감수   한국직업능력개발원 최동선

지은이   이장욱
그린이   박철권
감수   홍성필, 이민형

펴낸이   이완기
펴낸곳   인카운터

출판등록   2011년 6월 22일 제2011-000083호

주소 157-840 서울시 강서구 등촌동 641-11 청림빌딩 502호
전화 070-4383-9704 │ **팩스** 02-3664-6278 │ **이메일** kmh@gmail.com

ISBN 978-89-98442-00-2 14500
        978-89-98442-02-6 (세트)

값 11,000원

'한강의 기적'은
산업 기술 역사에서 시작됐다

1945년 일제강점기에서 해방되고 3년 뒤 우리나라에 정식으로 정부가 만들어졌지만, 1950년 또다시 한국전쟁으로 인해 그나마 초기의 산업 시설은 시작도 못한 채 거의 파괴되어 당시 세계에서 가장 가난한 나라에서 벗어나지 못하고 있었습니다.

하지만 그 이후 60년이라는 짧은 기간에 1인당 국민소득 2만 달러, 인구 5,000만 명 이상이 되어 2012년에는 세계에서 일곱 번째로 '20-50클럽'에 들어갔습니다. 우리보다 먼저 이 클럽에 진입한 나라는 미국, 일본, 독일, 영국, 프랑스, 이탈리아 등 선진 여섯 개 나라에 불과합니다. 이미 한국은 세계에서 국내총생산(GDP) 15위, 수출 7위의 선진 산업 강국이 되었습니다.

1인당 국민소득이 우리보다 높은 나라는 더 있지만 홍콩과 싱가포르는 도시국가이기 때문에, 호주와 캐나다 등은 인구가 모자라서 20-50클럽에 들어갈 가능성이 없으며 중국, 러시아 및 인도 등은 1인당 국민소득이 한참 못 미치므로 당분간 새로운 20-50클럽 국가가 나타날 가능성은 없어 보입니다.

광복 이후 가장 가난한 나라였던 우리나라는 제2차 세계대전 이후 세계에서 가장 빠른 경제성장을 기록하였고, 원조를 받던 나라에서 원조를 주는 유일한 나라가 되어 외국에서는 '한강의 기적'을 이룬 나라라고 합니다.

일반적으로 다른 선진 강국들은 산업화 과정이 200년씩이나 걸렸는데, 우리나라는 어떻게 해서 60년이라는 짧은 기간에 잘사는 나라가 되었을까요? 여러 가지 이유가 있지만, 한국인만이 갖고 있는 독특한 성취 동기, 그리고 위기에도 굴하지 않는 도전 정신 등이 남달랐기 때문이라고 합니다.

'History of technology 시리즈'는 청소년들에게 대한민국의 산업 기술이 분야별로 어떻게 세계 1등으로 발전하게 되었는지를 알려주기 위해 기획되었습니다. 그동안 한국산업기술진흥원은 대한민국의 중요한 산업 기술의 발전 역사를 조사, 그 결과를 산업별로 청소년용 교양 도서로 제작하여 보급해왔습니다. 특히 이 시리즈는 산업 기술이 우리 실생활에 어떤 영향을 미쳐왔는지, 그리고 우리나라가 잘살게 된 데에 산업 기술이 어떻게 영향을 미쳐왔는지를 알 수 있는 계기가 될 것입니다.

뿐만 아니라 이 책을 통해서 청소년들이 산업별 특성을 이해하는 계

기가 되어 이공계 진로에 대한 지침서로도 역할을 할 수 있으며, 나아
가 청소년들이 이공계에 대한 관심과 꿈을 펼쳐나가는 계기로 다가서
는 데에 작은 불씨가 될 수 있기를 기대합니다.

한국산업기술진흥원

c • o • n • t • e • n • t • s

울긋불긋한 낙엽이 차창 밖으로 스쳐지나간다. 모처럼 가족 여행을 떠나는 서영이는 창가에 달라붙어 창밖 풍경만 바라봤다. 엄마는 휴대폰으로 친구와 수십분째 통화 중이고 아빠는 라디오로 프로야구 중계 방송을 듣고 있다.

"네, 타자 쳤습니다! 3루 주자 홈으로, 홈으로 뜁니다! 2루수 공을 잡아 홈으로 던집니다!"

'지지지익…….' 차가 터널 안으로 들어가자 라디오가 주파수를 잡지 못한다.

"아이 참, 어떻게 된 거야?"

"아빠! 재미없어요. 딴 데 틀어요. 우리 음악 들어요. 가요 프로그램 좀 틀어보세요."

"안 돼. 굉장히 중요한 플레이오프 경기란다."

휴대폰으로 통화를 하던 엄마는 전화를 끊으며 말했다.

"도대체 여기가 어딘데 안테나가 안 뜨는 거야? 그냥 끊겨버렸네. 근데 여보

야구 말고 딴 거 듣자. 지금 95.9에서 라디오 드라마 할 거예요.”

엄마가 채널을 돌리자 아빠는 “여, 여보 지금 뭐 하는 거야? 이렇게 중요한 순간에!”라고 말했다. 서영이는 “엄마, 가요프로 틀어줘요!”라고 외치며 엉덩이를 들썩였다.

차가 터널을 통과했는데도 라디오에서는 여전히 지지지익 소리만 들렸다. 아빠는 카스테레오 기기를 손으로 툭툭 치면서 “아, 얘가 왜 이러지?”라며 중얼거리고 엄마는 자신의 휴대폰을 보며 “안테나가 아직도 안 잡혀요”라고 말했다.

서영이는 입술을 삐죽거리다가 뒷좌석에 몸을 파묻으며 말했다.

“아 잘됐다! 근데 이게 뭐야? 모처럼 가족여행인데 너무 재미없어요.”

카스테레오 채널을 계속 돌리던 아빠는 미소를 지으며 라디오를 껐다.

“서영아, 그럼 아빠가 재미있는 얘기 해줄까?”

“어떤 얘기?”

“어떤 얘기 듣고 싶어?”

“음, 음, 뭘 물어보지?”

“하하하 10초 안에 안 물어보면 아빠 라디오 켠다.”

“잉? 그럼…… 라디오!”

“라디오?”

“응, 라디오에 대해서 얘기해주세요.”

“라디오라…….”

사진 속 라디오가 금성사에서 만든 우리나라 최초의 라디오 'A-501'이란다. 마치 우주선 이름 같지? 금성 A-501은 1959년 11월 15일 출시됐단다. 국내 최초의 라디오라지만 모든 부속이 국산은 아니었단다. 60% 이상의 부품은 자체적으로 만들었지만 진공관과 스피커 등 일부 핵심 부품은 외국에서 들여왔지. 그 후 금성에서는 1960년 3월 선풍기 'D-301'을, 1961년 7월 자동전화기 '금성 1호'를 잇달아 내놓았단다. '최초의 국산'이라는 꼬리표를 단 제품들이었어. 그래서 라디오는 국내 전자 제품의 효시라 할 수 있지.

그런데 문제가 하나 있었어. 가격이 너무 비쌌던 거지. 당시 대학을 졸업한 금성 직원의 월급이 6,000환이었는데 라디오 가격은 2만 환이었거든. 즉 금성 직원이 석 달 동안 월급을 한 푼도 안 쓰고 모아도 살 수 없는 가격이었지. 그나마 수입 라디오 가격의 3분의 2 수준이었지만 서민들에겐 매우 부담스러웠단다. 그럼 돈이 많은 사람들은 샀느냐? 또 그렇지도 않았단다. 당시엔 외국산 전자 제품이 밀수를 통해 많이 들

금성사 지금의 LG전자. 1958년 금성사(주)로 출범하여 1995년 LG전자(주)로 상호 변경, 이후 금성으로 표기.

A-501
금성사에서 만든 국내 최초 라디오.

어왔고 잘 팔렸단다. 국산
라디오는 수입품보다 품
질이 떨어지고 수명도 짧
다는 소문이 돈 데다 농어
촌은 그나마 전력량이 달
려 라디오가 있어도 틀 수
가 없었단다. 그래서 최초
의 라디오는 판매가 잘 이
루어지지 않았지.

라디오 실황 중계 1957년 제38회 전국체육대회를 라디
오로 실황 중계하고 있다.

그럼 사람들은 어떻게 라디오를 들었는데요?

다행히도 정부의 정책 협조가 있었단다. 1961년 7월 국가재건최고회
의 박정희 의장이 예고 없이 금성 연지동 공장을 방문했어. 이 자리에

박정희 의장 금성 연지동 공장 방문(1961)

한국 전자 산업의 역사를 바꾼 보고서

컬럼비아대학 교수였던 김완희 교수는 1967년 한국 정부 초청으로 귀국한 뒤 박정희 대통령에게 〈전자공업진흥을 위한 조사보고서〉를 제출했다. 김 교수는 전자 육성 5개년 계획을 입안하고 〈전자신문〉을 창간한 인물이다. 박정희 대통령의 신뢰가 높아 대통령과 독대 및 편지 교환도 자주 한 것으로 알려졌다. 국내 전자 산업의 기틀을 다지는 데 큰 역할을 해 '한국 전자업계의 대부'로 불린 김 교수는 당시 보고서를 통해 전자 산업의 육성을 위해서는 전자공업진흥법을 제정해야 하고 이를 전담할 기구가 필요하다고 주장했다. 이후 '김완희 보고서'는 1980년대까지 15년 이상 한국 전자공업 확장기의 정책적 토대가 되었으며 현 IT 코리아의 기틀을 마련하게 되었다.

서 박 의장은 국내 산업 발전을 위해 밀수품 단속이 필요하다는 건의를 받고 밀수품 단속령을 내렸지.

이로써 미국 PX에서 몰래 들여오던 외제 전자 제품들은 점점 사라졌지. 외제 라디오 수입 금지를 시작으로 '국산품 애용 운동'이 본격적으로 일어난 것도 이때야. 게다가 라디오 보급 확대 조치가 시행되었지. 우선 농어촌 라디오 보내기 운동을 시작했어. 동시에 농어촌의 전력 문제를 해결하고 '1가구 1대 보급'을 목표로 정부가 직접 농어촌에 국산 라디오를 무료로 지급했단다. 도시민들의 기증도 장려하고. 그 결과 1963년까지 농어촌에 보급된 라디오가 20만 대를 넘었단다. 그래서 A-501의 개발은 전자 산업의 시초이기도 하지만 국가 차원에서 국내 전자 산업을 육성시킨 초창기 사례로도 의미가 있단다.

라디오가 그런 역할을 했군요. 그럼 주로 어떤 내용이 방송되었어요?

라디오가 대중화되기 전에는 사람들에게 사회에 어떤 일이 일어나고 있는지 알려주는 역할을 신문이 했단다. 하지만 라디오

시대가 되면서 많은 사람들이 라디오를 통해 정보를 접하게 되었지. 신문, 라디오, TV, 잡지, 인터넷 등 정보를 전하는 매체를 미디어라고 한단다. 그런 의미에서 라디오는 대중 미디어의 효시라고도 할 수 있어. 특히 당시 농촌 방송이 농촌에 미친 영향은 지금의 방송이 우리 생활에 미치는 영향과는 비교할 수도 없을 정도였단다.

'농촌 방송'이라는 말이 재미있지 않니? 1962년 8월 서울중앙방송국 제1방송에서 농촌 방송이 시작되었지. 농어민과 관계가 깊은 일들을 강연, 좌담회, 토론회, 대담, 그리고 방송, 드라마 등 여러 가지 형식의 프로그램으로 만들었단다. 여기서 아빠가 퀴즈 하나 낼까? 농촌 방송 최초 토론회의 주제는 뭘까? 정답은 '병충해에 대한 도전'이었단다.

농촌 방송은 농민들의 삶과 떼려야 뗄 수 없을 정도로 아주 밀접했단다. 병충해와 관련된 뉴스와 기상 특보도 전하고 라디오 농업학교도 열었지. 그 외 〈농사 상담〉, 〈마을의 사랑방〉, 〈살아 있는 상록수〉, 〈토지 개량의 시간〉, 〈농촌 진흥의 시간〉, 〈농어촌의 아침〉 등 다수의 프로그램이 편성되었지. 1963년 통계에 따르면 전국에 151만 4,000대의 라디오가 보급되었다고 하는구나. 또 1966년에 이루어진 조사에 따르면, 5개의 농촌

부락과 1개의 산촌 부락민 등 20세 이상의 남녀 313명 중 신문 독자가 67명인데 비해 라디오 청취자는 211명이나 되었다고 하는구나. 또 라디오는 정부 선전 및 선거철 유세 활동의 주요 수단이 되었단다.

라디오의 영향력은 이렇게 대단했는데, 들으면서 동시에 다른 일을 할 수 있다는 것이 라디오의 장점이었어. 특히 농어촌 사람들은 항상 라디오를 켜놓고 살았다고 할 수 있지. 그중에서도 가장 인기 있는 프로그램이 뭐였을까?

그래, 네가 농작물 재배에 관련된 정보 프로그램이라고 생각할 줄 알았어. 그런데 답은 다름 아닌 '라디오 드라마'란다.

당시 프로그램 편성표를 보면 도시 생활을 소재로 한 드라마들이 황금시간대를 차지했단다. 그래서 저녁에는 온 가족이 둘러앉아 라디오 드라마를 청취하는 것이 일상이었단다. 지금 가족이 모여앉아 TV 드라마를 시청하는 현상이 그때부터 시작되었다고 할 수 있지.

농촌 사람들이 라디오 드라마에 열광한 이유는 드라마 속 도시 생활에 대한 막연한 동경심 때문이었어. 하지만 동시에 열등감을 느끼기도 했지. 라디오 드라마 연속극은 소비 성향을 강조하고 많은 농촌 사람에게 영향을 주어 그들이 고향을 떠나 도시로 이주하게 만들었단다. 특히 당시 신세대였던 십대들의 가장 큰 꿈이 서울에 가는 것이었단다.

라디오 방송을 하려면 방송국이 있어야 하잖아요. 우리나라 최초의 방송국은 어디예요?

우리나라 최초의 방송국은 일제하 조선총독의 허가를 얻어 1926년 11월 30일에 설립된 경성방송국이란다. 조선에 거주하는 일본인들에게 정보를 제공하고 그들의 문화 욕구에 부응하려고 한·일 양국어로 방송되었지. 처음에는 청취자가 대부분 식자층이었지만 1930년대 후반 청취자가 차츰 늘어나면서 일반인까지 확대되었고 레코드 판매가 촉진되면서 대중적 파급 효과와 영향력을 미쳤단다.

그러자 방송국은 유명한 명창들의 소리를 들려주는 국악 프로그램을 편성하기도 했지. 또 소파 방정환과 윤극영 등이 주도로 만든 '어린이 방송극'이 인기였단다. 이로 인해 그 이전에는 볼 수 없었던 어린이에 대한 관심과 존중이 사회 전반에 걸쳐 나타나게 되었어. 경성방송국은 일본이 한국인을 지배하기 위한 교화의 수단이기도 했지만 우리나라에 전파를 이용한 방송이 명맥을 유지하는 데 기여했지.

해방 후에도 뉴스, 서양 음악, 국어 강좌, 국사 강좌, 그리고 정치적 이익 집단의 목소리를 대변해주는 장의 역할을 했지만 여전히 미군정의 검열 하에 방송되었단다.

이승만 정권의 탄생과 대한민국의 수립 후 미군정은 방송국을 조선방송협회에 돌려주었지. 당시 방송은 정부 홍보 기관으로서의 기능과 전쟁 시 선전 매체로서 국영화 방송의 기틀을 마련했어.

그 사이 한국 최초의 민영 방송으로 기독교 방송(1954. 12. 15)이 개국했고, 기독교적 교양을 소양하기 위해 고전음악을 방송했단다. 또 1955년 4월엔 한국 최초의 상업 라디오 방송인 부산MBC가 개국했고 공개방송과 청취자 참여 프로그램을 마련했지. 부산MBC는 최초로 주류회사 진로의 CM송을 만들어 한국 방송 광고 시장을 개척하며 민영 방송의 특징을 적극적으로 홍보했단다.

그렇다면 라디오 최고의 전성기는 언제였나요?

아까 박정희 의장의 국산 라디오 보급 확대 조치 기억나지? 라디오 방송의 전성기가 시작되었지만 박정희 의장이 대통령이 되고 난 후 정치적 혼란을 겪으며 방송은 유신헌법을 통해 사전 검열되었단다.

　　라디오 방송국은 이를 극복하기 위해 생방송과 다양한 프로그램 편성으로 라디오의 활성화에 집중적으로 투자했어. 또한 새벽 시간대를 살리기 위해 각종 정보 프로그램을 신설하는 등 라디오 기능을 확대하기 위해 노력했단다.

　　그런 노력에도 불구하고 역사 속으로 사라진 방송국도 있었단다. 너 혹시 동양방송국이라고 들어봤니? TBC 동양방송은 1964년 5월 9일 라디오 방송인 라디오 서울(RSB)을 먼저 개국하고 같은 해 12월 7일에 TV 방송인 동양TV(DTV)를 개국했단다. 12월 12일에는 부산에도 텔레비전 방송국을 개국하고, 일본 니혼TV와 제휴를 맺을 정도로 규모가 컸단다. TBC는 민영 방송의 특성상 연예 및 오락 프로그램 위주로 편성했고, 그 영향으로 대한민국의 방송계에 시청률 경쟁을 불러 일으켰다는 비판도 받았지만 1977년부터 큰 성장을 이루었지. 하지만 제5공화국 정부가 언론 통폐합 조치를 내리면서 1980년 11월 30일 동양방송을 한국방송공사에 강제로 통폐합시켰어. 그때 AM 라디오는 KBS 3라디오, FM 라디오는 KBS 2FM, 텔레비전은 KBS 2TV로 변경되면서 역사 속으로 사라지게 된단다.

TBC의 마지막 방송일인 1980년 11월 30일 밤, 동양TV에서는 고별 특집 방송이 방영되었고, 밤 11시에 방송된 TBC 라디오 프로그램 〈밤을 잊은 그대에게〉의 진행자 황인용은 울먹이는 목소리로 고별 방송을 했어. 이 때문에 신군부 측에서 '대본 내용 그대로, 비장하지 않게, 우는 사람이 없도록 할 것'을 주문했다는 증언도 있단다.

1998년 김대중 정부 때부터는 인터넷 통신을 비롯한 뉴미디어가 여론 형성과 정치에 영향을 미치며 언론 보도에 대한 사전 검열도 폐지되었단다. 종교 방송, 교통 방송 등 특수 방송과 민영 방송이 출현함으로써 그동안 KBS와 MBC의 양대 축을 중심으로 유지돼왔던 공영 방송의 틀에 변화가 찾아왔지. 지상파 방송을 제외한 케이블, 위성, 인터넷 등 뉴미디어 방송이 가세하며 다양한 채널의 방송으로 확산되었어.

라디오 방송은 무척 매력적인 것 같아요. 나도 라디오 DJ가 될 수 있을까요?

너 혹시 '팟캐스트'란 방송 들어봤니? 인터넷망을 통해 오디오 파일 또는 비디오 파일 형태로 뉴스나 드라마 등 다양한 콘텐츠를 제공하는 서비스란다. 애플의 아이팟(iPod)과 방송(broadcasting)을 합성한 신조어지. 기존 라디오 프로그램과 달리 방송 시간에 맞춰 들을 필요 없이

MP3플레이어나 스마트폰 등을 통해 자동으로 업데이트되는 관심 프로그램을 내려받아 아무 때나 들을 수 있단다.

지금은 프로그램 개수도 굉장히 늘어나서 교육, 음악, 시사 및 정치, 코미디, 드라마 등 다양한 장르를 골라 들을 수 있단다. 심지어 기존 라디오 방송을 팟캐스트로 전환하여 네가 공부하느라 놓친 교육 방송도 찾아 들을 수 있단다. 예전에는 이런 개인 방송을 '해적방송'이라 규정해 정부에서 통제하려 했었지만 지금은 대중화되어 누구나 자신만의 방송국을 만들 수 있게 되었단다. 참 신나지?

사람들은 TV가 세상에 나온 후 라디오 시대는 끝날 거라 했어. 하지만 신기하게

방송의 힘은 사회를 바꾼다?

미디어라 불리는 방송은 인간 사회에서 자신의 의사나 감정 또는 객관적 정보를 서로 주고받을 수 있도록 마련된 수단으로 쓰인다. 뉴미디어의 등장과 매스미디어의 보급으로 인해 현대 사회에서 미디어는 단순한 수단이 아니라 인간이 사는 사회 전체를 통괄하고 제어하는 기능까지도 하게 되었다. 방송을 통해 '토의할 일련의 과제' '해야 할 일련의 일'이 사회적 이슈와 공공의 관심을 끌어냄으로써 정책 결정자들의 공공 정책의 형성에 기준이 되거나 영향을 준다. 이런 방송은 사회를 바꾸고 형성하는 힘이 있다.

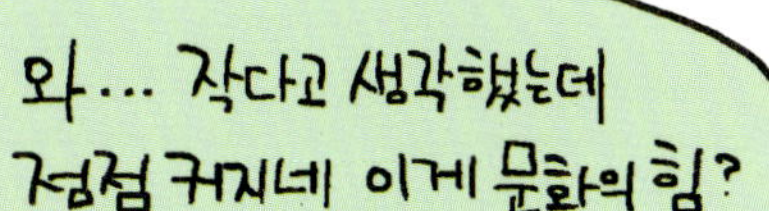

도 그 인기는 사그라지지 않았단다. 매 고비 새로운 형태로 발전해 명맥을 유지했단다.

라디오의 가장 큰 장점은 들으면서 동시에 다른 일을 할 수 있다는 거지. 바쁜 현대인에게 그만큼 좋은 미디어는 없지. 그리고 미디어의 아주 핵심적인 역할을 하고 있단다. 영상 방송국을 만들려면 뭔가 재미있는 것을 보여주기 위해 많은 노력을 해야 하지만, 라디오 방송국은 너의 목소리와 음악만 있으면 된단다. 네 생각을 전 세계 사람들이 들을 수 있다니, 대단하지 않니?

그런데 아빠는 그것이 사실 그리 대단하지 않은 것이라고 생각한단다. 세상은 사람들이 만들어가는 것이고 누구나 자기가 하고 싶은 말을 할 수 있는 자유가 있지 않겠니? 혹시 네가 너만의 라디오 방송을 만든다면 아름다운 음악과 함께 사랑하는 사람에게 고백도 해보렴. 아빠한테 해도 괜찮아, 하하하!

 지지 않는 별이 있다

최초의 청소년을 위한 라디오 심야토크 프로그램 〈별이 빛나는 밤에(이하 별밤)〉는 지금의 예능 프로그램 토크쇼의 '원조'라고 할 수 있다. 1969년 3월 17일 처음 전파를 탄 〈별밤〉은 한때 청소년을 오염시킨다는 비난을 받기도 했지만 청소년 문화가 생소했던 1960년대부터 청소년들과 함께 호흡해 '밤의 교육부장관'이라 불리기도 했다.

이 프로그램은 거쳐 간 작가, 가수, 개그맨, 아나운서 등도 많다. 인기 드라마였던 〈은실이〉 작가 이금림은 1979년 고정 코너 '꼭지 꼭지'로 데뷔했고 1981년 이화여대 4학년이던 작가 송지나는 맛깔스런 글로 인기를 끌었다. 1989년엔 노영심과 김건모가 '별밤 뽐내기' 코너의 연주를 맡았다. 별밤의 대명사로 불리는 주인공은 무려 12년 동안 별밤지기(DJ)를 맡은 이문세였다. 청소년의 엽서 사연이나 전화 사연을 받았던 이문세는 누구에게도 말 못 한 청소년들의 속마음을 들어주었고 청소년에게 절대적인 신뢰와 인기를 한몸에 받는 어른이었다. 또 각 코너에 따라 가수, MC, DJ 역할을 해내는 등 동시에 여러 가지 일을 맡은 전천후 엔터테이너였다.

그는 1996년 12월 2일 고별방송을 하고 가수 이적에게 별밤지기 자리를 물려주었다. 그의 고별 방송은 엄청난 청취율을 기록했고 DJ와 청취자들 모두 눈물을 펑펑 쏟아 그날 밤은 전국이 눈물바다였다고 한다.

훗날 MBC 토크쇼에 나온 이문세는 〈별밤〉을 떠난 이유를 처음으로 고백했는데 "라디오를 진행하는 12년 동안 인격이 형성됐고 나 스스로를 닦는 수련의 시간이었다. 하지만 나이가 들면서 언젠가부터 내가 선생님처럼 학생들을 계도하려고 하더라"라고 털어놓았다.

이문세가 〈별밤〉을 떠난 이후로 DJ는 시기별로 가장 청소년의 사랑을 많이 받는 연예인들(이적, 이휘재, 박광현, 정성화, 박희진, 옥주현, 박정아, 박경림, 윤하)이 맡게 되었다.

현재도 FM 95.9MHz에서 10시부터 12시까지 방송하고 있으며 앞으로도 영원히 이어지리라 본다.

 **애청자의 편지 때문에 방송국이 마비되다**

라디오 프로그램에는 '애청자의 사연' 코너가 있다. 전국에서 많은 사람들이 보내지만 그 중 특별한 일부만 소개되곤 한다. 지금은 인터넷 게시판을 이용하여 사연을 받지만 1990년대까지는 엽서를 통해 사연을 받았다. 그런데 당시 사연을 보냈던 청소년들은 방송에 소개되기 위해 별의별 방법을 동원했다.

가로 60cm, 세로 70cm의 대형 엽서를 보내는가 하면 수십 장의 엽서를 실에 꿰어 연결해놓은 '줄줄이 엽서', 편지지를 촛대처럼 말아 수십 개씩 상자에 넣어 보내기도 했다.

편지와 함께 유리병에 곱게 담은 종이학도 보내고 자신이 모범생임을 증명하기 위해 성적증명서를 첨부하거나 부모와 담임교사의 추천서를 붙인 엽서도 있었다.

자신의 반 학생 55명의 서
명을 받은 노트형 편지는
약과였다. 지방에 사는 어느
여학생은 전교생 1,500명의
도장이 찍힌 보증서를 함께
보내기도 했다.

DJ와 PD에게 뇌물 공세도
많았는데 초콜릿이나 사탕,
종이학은 기본이고 우황청
심환이나 심지어 소주를 보
내는 여학생도 있었고 야식
으로 먹으라고 라면 한 상
자를 부쳐오기도 했다.

DJ는 이색엽서라고 해서 뽑
아주는 것이 아니라고 했지
만 청소년들의 열정을 막을
수는 없었다고 한다. 일주
일에 트럭 1대 분량 이상으로 오는 엽서를 분류하느라 PD들은 밤잠을
설치기도 했다고 한다.

— 〈경향신문〉 1996년 11월 30일자

CD나 카세트테이프에 음악을 담으면 최대 20여 곡밖에 집어넣지 못하지만, 음악 데이터를 압축한 MP3파일은 플레이어에서 100곡 이상, 또는 플레이어 용량에 따라 무한하게 저장할 수 있다. 이런 장점이 있는 MP3파일은 전 세계적으로 애용되고 있다. 전 세계의 인터넷 방송은 녹음한 방송을 MP3파일로 저장해서 활용하는 것이고 애플사의 히트 상품 아이폰은 MP3플레이어 '아이팟'의 개발 과정에서 나온 것이다.

그럼 아이폰의 시초라고도 할 수 있는 MP3플레이어는 누가 발명한 것일까?

최초의 MP3플레이어를 개발한 곳은 한국의 벤처회사 '디지털캐스트'였다. 디지털캐스트는 연구비와 사업화 비용이 부족해 국내의 한 기업과 제휴를 맺었다. 디지털캐스트와 제휴한 회사는 생산과 마케팅, 판매를 맡기로 하고 사업에 착수하여 세계 최초의 MP3플레이어 '엠피맨'을 만들었다.

그 후 '엠피맨'은 세계적인 관심을 끌며 성장했으나 제휴사와의 분쟁으로 결국 디지털캐스트는 도산 위기에 빠지게 되었다. 두 회사는 결별하고 디지털캐스트는 특허를 미국의 '다이아몬드'사에 팔게 되었다. 한국의 엠피맨이 적은 내장 메모리로 인해 곡 수록 한계에서 난항을 겪을 때, 다이아몬드사는 외장 메모리를 도입해 전 세계를 휩쓸기 시작했다.

이 시점에 애플의 스티브 잡스는 MP3플레이어 개발을 추진하기 시작했고 '엠피맨'을 판매한 회사는 국내 타 MP3플레이어 회사와 특허권 분쟁에 휩싸이게 된다. 결국 국내 특허권은 '아이리버'사로 매각되지만 '아이리버'사는 특허권을 미국의 특허회사로 넘긴다. 현재 세계의 MP3플레이어 특허권은 미국의 Texas MP3 Technologies가 모두 가지고 있다.

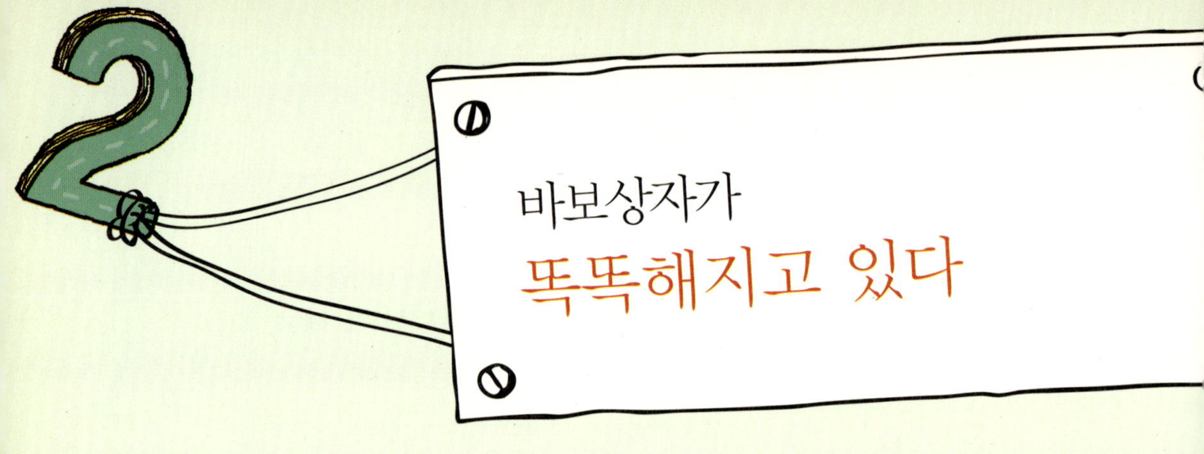

“아빠, 우리 선생님이 그러시는데 TV는 바보상자래요. 그런데 왜 바보상자라고 부르는 거예요?”

“그건 네가 공부 안 하고 TV만 보면 바보가 되니까 그렇지.”

“아이, 아빠는……. 근데 왜 하필 상자야? 우리 집 TV는 액자처럼 얇은데…….”

“음! 네가 궁금한 게 그 점이었구나. 지금 우리 집 TV 두께는 0.5cm지만 아빠가 너만 할 때 TV 두께는 50cm 정도 되었단다.”

“우와! 그렇게 두꺼웠어요?”

“기술이 많이 발전하다 보니 점점 얇아지며 소형화된 거지. 오늘은 전자 제품의 역사에 대해 알려줘야겠구나.

집 안을 둘러보렴. 지금 우리 집의 가전 제품은 대부분 국산이지? 그런데 옛날엔 많은 사람들이 외제품을 많이 썼단다. 우리나라는 미국이나 유럽, 일본보다 전자 제품 생산 시기가 늦단다. 아빠가 너만 할 때에는 집에 국산 전자 제품이 하나도 없었어. 너희 할아버지가 돈을 들여서라도 품질 좋은 외제만을 고집하셨기 때문이야. 그때는 '외제는 좋은 것이다'라는 인식이 국민들 머릿속에 깊이 뿌리 박혀 있었어.

하지만 지금은 대부분 국산 전자 제품의 수준이 세계적이란다. 아빠는 그 생각만 하면 무척 자랑스러워. 마치 아빠가 만든 제품인 것처럼 말이지. 오버하지 말라고? 오버가 아니란다. 지금 우리나라 전자 제품이 세계에서 1등을 하고 있는 영광은 전자 제품 회사뿐만 아니라 우리나라 국민이라면 누구나 함께 누릴 만한 이유가 있단다. 무슨 말인지 모르겠다고?

혹시 네가 아는 외국 전자 제품 브랜드 있니? 소니? 닌텐도? 하하 그러고 보니 네가 좋아하는 비디오 게임기 브랜드구나. 네 얘기를 듣고 보니 요즈음 국산 비디오 게임기가 없구나. 왜 그럴까? 너도 알다시피 우리나라 사람들은 비디오 게임보다 PC 게임을 많이 하지. 즉 수요가 없으면 공급도 없는 거란다. 공급이 중단되면 개발도 없고 개발하지 않은 사업은 절대 발전할 수 없단다. 그럼 지금부터 국산 전자 제품이 어떻게 발전했는지 알아볼까?

국산 전자 제품은 어떻게 만들어지기 시작했나요?

네가 어릴 적에 아빠가 들려준 산타클로스 마을 이야기 기억나니? 산타클로스가 사는 마을 전체는 선물 공장인데 그곳에서 난쟁이들이 전 세계에 나눠줄 선물을 만들었다고 했지? 그것처럼 우리나라에는 전자 제품만 만드는 지역이 있단다. 바로 경상북도 구미라는 지역인데 그곳에는 '구미 산업 단지'라 불리는 공업 단지가 있어.

1960년대 박정희 정부 때 부가가치가 높은 전자 공업을 전략 육성 산업으로 선정하고 이를 지원하기 위해 경상북도 구미에 엄청 큰 전자 공업 단지를 조성했단다. 당시 구미 산업 단지에는 페어차일드, IBM, 모토로라, 코미 등 주로 미국과 일본의 전자부품업체가 활발하게 진출했고, 그 중 일부는 국내 자본과 합작하여 중앙상역, 한국도시

구미 산업 단지 전경

OEM 방식

Original Equipment Manufacturing의 줄임말. 국제적 브랜드를 가진 대기업 등에서 주로 사용하는 생산 방식으로, 주문자위탁생산 또는 주문자상표부착생산이라 한다.

유통망을 구축하고 있는 주문업체에서 생산성을 가진 제조업체에 자사에서 요구하는 상품을 제조하도록 위탁하여 완성된 상품을 주문자의 브랜드로 판매하는 방식이다.

대부분의 선진국에서는 높은 인건비로 인해 가격 경쟁력을 상실하여 인건비가 비교적 저렴한 동남아시아 등지에 공장을 세우거나 현지의 제조 공장에 OEM 방식을 이용하여 제품을 생산하여 제3국으로 수출한다. 생산은 다른 업체에서 했으나 브랜드는 자사의 것이므로 브랜드를 신뢰하고 제품을 판매하는 것이 가능하다.

바, 삼성산요전기 등의 회사를 설립하기도 했단다.

그럼 여기서 아빠가 질문 하나 할까? 지금 네가 신고 있는 나이키 운동화는 어느 나라에서 만든 걸까? 미국? 그래, 그럴 줄 알았어. 너도 미국에서 만든 건 줄 알았지? 근데 운동화 속을 한번 보렴. 메이드 인 차이나(Made In China)라고 쓰여 있지? 나이키 운동화는 미국 제품이지만 공장은 중국이나 베트남, 인도네시아 등 동남아시아에 있단다. 왜 그러냐고? 미국의 인건비가 무척 높기 때문에 미국보다 인건비가 싼 곳에서 OEM 방식으로 만들고 있기 때문이란다.

구미산업단지를 계기로 국산 전자 제품의 선두를 달리고 있는 두 업체, 삼성전자공업과 금성도

삼성전자공업 지금의 삼성전자. 1969년 삼성전자공업으로 세워져 1984년 삼성전자로 상호 변경, 이후 삼성으로 표기.

전자 제품 개발에 박차를 가하게 되었단다. 여기서 아빠가 또 퀴즈를 낼까? 최초의 TV는 삼성이 만들었을까? 금성이 만들었을까? 어렵지? 지금도 삼성전자와 LG전자는 전자 제품 기술의 1, 2위를 다투며 경쟁하고 있지? 당시에도 그랬단다. 삼성이 1969년 일본과 합작을 해서 삼성산요를 출범할 때도 금성과 격렬한 논쟁을 벌였지. 1969년 6월 한국전자공업협동조합은 삼성과 일본 회사의 합작 투자에 관한 진정서를 청와대에 제출하기까지 했단다. 그래서 생산 품목을 전량 수출하겠다고 약속하며 전자 제품을 생산하기 시작했으나 결국 내수 시장에까지 진입했단다. 참 아까 한 질문에 정답이 뭐라고? 삼성? 땡! 최초의 TV는 금성에서 먼저 만들었단다.

VD-191
금성에서 만든 국내 최초 흑백 TV.

앗! 아깝다. 맞힐 수 있었는데……. 그렇게 힘들게 만든 TV가 처음 나왔을 때 사람들의 반응은 어땠나요?

1966년 8월에 국산 흑백 TV 1호인 'VD-191'이 금성에서 생산되었단다. '진공관식 19인치 1호 제품'이라는 뜻의 VD-191의 계획된 1차 공급량은 약 1,000대였음에 반해 이 제품이 출시되자 열흘 동안 구입 신청된 물량만도 서울 시내 1만 4,800건, 전국적으로 2만여 건으로, 금성 1차 공급 계획량의 20배에 달했단다. 굉장하지? TV에 대한 사람들의 열망이 엄청났던 거지. 그래서 정부에서는 'TV 무소유 우선 공급 제도'라는 걸 시행했어. TV가 하나도 없는 집에 먼저 판매를 하게 한 거지. 이로 인해 사람들은 TV가 없음을 증명해야 했고, 그마저도 공개 추첨으로 판매되는 진풍경이 연출되기도 했단다. 그러니까 당시에는 지금처럼 거실에 한 대 안방에 한 대 있는 건 불법이었겠지?

VD-191은 일본 히타치사와의 기술 제휴로 만들어져 기술뿐만 아니라 외형까지 그대로 들여온 것으로, 입식 모델에 토대를 둔 일본 제품을 그대로 생산한 것이나 다름없었어. 여기서 입식이란 서양의 생활 방식으로 우리나라의 좌식 생활 방식과 달리 침대나 의자, 책상, 식탁 등을 사용하며 주로 서

서 활동하는 양식을 말하지. 1960년대 후반만 하더라도 텔레비전을 구입하는 가정은 주로 중상류층이었기 때문에, 대부분 서양식 구조의 입식 생활을 하고 있었단다. 그래서 이들은 응접실에서 소파나 의자에 앉아 VD-191을 시청했던 것이지.

이에 질세라 삼성은 TV를 출시했고, 단시일 내에 국내 TV 시장을 석권하였단다. 삼성 이코노(Econo) TV는 출시 이후 1975년 12월 3만 4,000대를 판매하여 월간 시장점유율 1위(37.5%)를 달성했고, 이듬해 판매량은 전년대비 2배인 18만 대에 이르렀단다. 이어 1976년에는 TV 국내 판매가 전년대비 50% 성장한 27만여 대에 달하였고 수출은 전년대비 무려 500%의 성장을 기록했지.

금성은 최초의 TV를 만들었지만 삼성은 흑백 TV의 신화를 만든 것이나 다름없다고 할 수 있지. 삼성은 이코노 TV를 통해 최초의 라디오와 최초의 TV를 만든 선두업체 금성과 경쟁하기 시작했고 오늘날까지 두라이벌사는 세계적인 TV 회사로도 쌍벽을 이루며 성장하게 되었단다.

우리나라 전자 산업이 크게 발전한 데에 국산품 애용 운동도 한몫 했다고 할 수 있겠네요?

그렇다고 할 수 있지. 하지만 당시 국산품 애용 운동은 강제적인 측면이 있어서 국민들의 불만도 컸단다. 아빠가 얘기해준 것 기억나니? 당시 박정희 의장이 금성 방문을 계기로 내린 조치라고 했지? 국내 전자산업 육성을 위해 밀수품을 근절하고 국산품 애용을 장려했었지. 과거외제는 주로 일본 제품이었고 가끔 미국산 제품들이 있었단다. 사실 서민들은 외국 제품을 살 일이 거의 없었어. 가격 차이가 컸기 때문이지. 하지만 국산품이 일제와 가격 차이가 줄어들면서 정부에서는 대대적인국산품 애용 운동을 하게 되었단다.

아빠가 초등학교 다닐 때는 선생님께서 학용품 단속을 했었단다. 외제 연필을 쓰던 아빠는 선생님께 혼나고 국산 연필로 바꿔야만 했었지. 그때 아빠는 속상했단다. 당시 국산 연필은 자꾸 부러지는 반면 일제 연필은 부드러울 뿐만 아니라 몽당연필이 될 때까지 쓸 수 있을 정도로질이 좋았거든. 경제적인 면에서 일제 연필을 쓰는 게 차라리 나았던 거지. 이런 불만은 어른들도 있었단다. 국산 가전 제품의 품질에 대한 불신과 가격 구조 때문이었어.

국내에서 조달 가능한 부품의 가격이나 품질을 무시한 채 지나치게부르짖는 국산화 정책이나 관세 및 무역 정책의 맹점 때문에 국내에서생산한 완성품의 값이 수입하는 것보다 훨씬 고가인 경우도 있었단다. 소비자들은 독과점에 손해를 보았다고 호소했지. 또 일부 제품은 외제

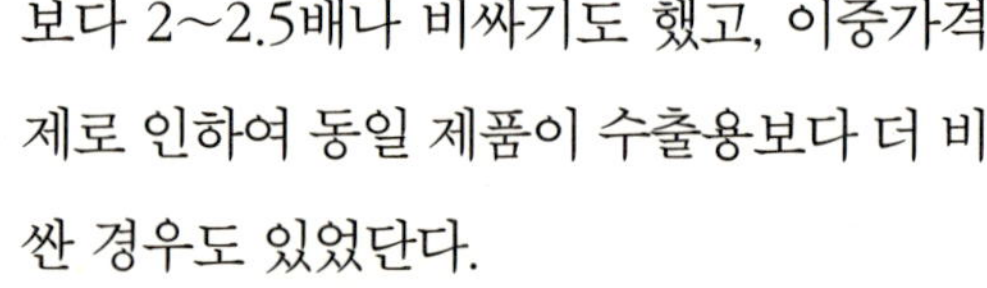

이중가격제란

동일 상품 또는 서비스에 대해 거래자나 장소에 따라 2가지 가격을 유지하는 가격 차별 제도의 일종. 일반적으로 다음 3가지 경우에 이중가격제가 적용된다. ① 공익 사업 기관이 공공 목적을 달성하기 위해 철도 요금·우편 요금·전기 요금 등을 수요자 또는 수요의 상위에 따라 가격 차별을 두는 경우. ② 독점적 기업이 동일 상품에 대해 국내 독점시장에서는 비싼 가격을, 해외 경쟁시장에서는 싼 값을 매기는 경우. ③ 농민 보호를 위해 정부 기관이나 협동조합 등이 비싼 가격으로 양곡을 사들여 소비자보호를 위해 싼값으로 파는 이중곡가제(double rice price).

보다 2~2.5배나 비싸기도 했고, 이중가격제로 인하여 동일 제품이 수출용보다 더 비싼 경우도 있었단다.

그래서 사람들은 국산 제품 구매를 강요하는 정부의 일방적 정책에 대해 불만을 품었지만 대부분 나라를 사랑하는 마음으로 희생을 감내하며 국산품을 애용했단다. 아빠가 너한테 처음 했던 말 기억나니? 국산 전자 제품이 세계적인 수준이 된 것에 아빠도 기여했다는 말. 온 국민의 국산품 사랑이 없었다면 지금처럼 발전할 수 없었던 거지.

아하, 이제 아빠가 처음에 했던 말이 이해가 돼요. 이렇게 발전한 국산 전자 제품이 세계 시장에 수출도 되었어요?

그럼! 하지만 전자 제품 수출의 역사는 한순간에 쓰인 게 아니란다. 1970년대만 하더라도 우리나라 주요 수출품 순위를 보면 1위 섬유류, 2위 합판, 3위 가발, 4위 철광석, 그리고 전자 제품이 5위였단다. 그러나 꾸준한 기술 발전을 통해 1960년대엔 라디오와 흑백 TV, 1970년대엔 오디오, 1980년대엔 컬러 TV, 1990년대엔 반도체, 카메라,

캠코더, 컴퓨터, MP3플레이어, 2000년대 이후엔 디지털 TV, 휴대폰 등으로 수출 품목을 늘려갔어. 최근 수출 품목 순위의 상위에는 반도체, 자동차, 무선통신기기, 컴퓨터가 항상 차지하고 있단다. 더군다나 우리나라는 2012년에 무역 규모 연간 1조 달러를 달성했는데 이런 나라는 미국, 독일, 일본, 중국, 프랑스, 영국, 네덜란드, 이탈리아 등 8개국뿐이라는구나. 1948년만 해도 아프리카의 우간다, 수단, 튀니지, 카메룬보다도 뒤진 세계 100위 수출국이었는데 현재 7위라 하니 놀라운 성장이 아니겠니?

일전에 아빠와 코엑스 전자박람회에 갔을 때 너는 새로운 국산 전자 제품을 보며 무척 신기해하며, 놀이공원보다 더 신이 난다고 했었지? 사실 아빠도 집에 있는 모든 전자 제품을 새것으로 바꾸고 싶은 충동에 휩싸일 정도로 흥분했었단다. 그때 아빠는 하룻밤 자고 일어나면 새로운 제품이 나올 정도로 기술이 급속도로 발전하고 있다는 걸 느꼈어.

한국전자박람회 제2회 한국전자박람회를 관람하고 있는 박정희 전 대통령(1971).

요즈음 아빠는 공상과학 영화 속에 나오는 미래시대에 살고 있는 듯한 착각이 들기도 해. 과거에는 상상만 했던 것이 이미 이루어져 있으니 말이다. 그런 의미에서 너에게 한국전자박람회에 대해 이야기해 주고 싶구나.

한국 최초의 전자박람회는 1970년에 개최되었단다. 한국의 전자 공업 기술과 성과를 한 곳에 펼쳐 보이는 한편, 외국 기업의 투자 유치를 위해 추진되었지.

1971년에 동대문종합시장에서 열린 제2회 한국전자전람회에서는 전자 제품이 1,700점이나 출품되고 컬러 TV 현장 실연이 있었단다. 당시 관람객 수가 15만 6,000여 명이었다고 하니 전자 공업에 대한 일반인의 뜨거운 관심을 충분히 짐작할 수 있겠지? 뿐만 아니라 외국의 7개업체가 합작투자를 희망해오는 결실을 얻었어. 그리고 1972년에 열린 제3회 한국전자박람회에서는 미니컴퓨터와 컬러 TV가 드디어 첫선을 보였지.

전자박람회의 역사는 한국 전자 제품의 발전 역사와도 같단다. 한국 전자 제품의 기술이 눈부시게 발전할 수 있는 것은 대한민국에 우수 인력이 많아서란다. 또 많은 사람들이 새로운 기술에 뜨거운 관심이 있기 때문이야. 즉 대한민국 기술 발전의 역사는 온 국민이 만든 거란다.

너 그거 아니? 아빠가 한국의 전자박람회에서 느낀 흥분과 놀라움

을 전 세계 사람들도 똑같이 느낀다는 사실 말이야. 미국 라스베이거스에서는 해마다 세계 최대의 전자 제품 올림픽인 CES (Consumer Electronics Show)라는 세계 전자박람회가 열리는데 우리나라 전자 제품 회사가 해마다 상을 휩쓴다는구나. 2013년 행사에서는 국내 회사가 총 42개 부문의 기술 혁신상을 받으며 기술·디자인 부문에서 세계 최고라고 인정받았다 하니 스포츠 올림픽에서 우리나라 선수가 금메달을 딴 것만큼 아빠는 기쁘단다. 언제 아빠랑 CES에 가볼까? 우리나라를 응원하러 말이야.

CES에 참가한 국내 전자 업체 전시관

최초의 국민 드라마 때문에 100만 대의 TV가 팔렸다

대한민국 역대 드라마 시청률 순위 조사를 보면 3위는 1995년에 방영된 〈모래시계〉(64.5%), 2위는 1994년에 방영된 〈사랑이 뭐길래〉(64.9%), 그리고 대망의 1위는 1997년의 〈첫사랑〉(65.8%)이다. 이 드라마들은 일명 '국민 드라마'라 불리며 온 가족을 TV 앞에 모이게 했다. 2000년대 중반 이후에는 이런 엄청난 시청률을 기록하는 드라마는 없었다. 갈수록 다양한 매스미디어가 발달하면서 굳이 TV가 아니더라도 즐길 수 있는 매체가 늘어났기 때문이다. 그런 논리대로라면 TV가 처음 나왔을 때엔 정말 많은 사람이 TV 앞에 모였을 텐데 위 드라마보다 높은 시청률의 드라마는 없었을까?

분명 있었다. 단 위의 조사가 컬러 TV 드라마를 기준으로 나온 거라 순위에 보이지 않는 것이다.

1960년대까지는 지지부진했던 TV 수상기의 보급률이 1970년대 들어 급속히 늘어나게 되었다. 그로 인해 그동안 잘나가던 영화관에 손님이 줄어들고 곧이어 영화배우들이 TV 브라운관에 등장하기 시작했다. 흑백 TV가 전국에 80만 대밖에 없던 시절이라 시골 마을에는 한두 대 있을까 말까 했고 도시에도 TV가 없는 집이 있었다.

1972년 4월에서 12월까지, 시골에서는 온 동네 사람들이 TV가 있는 집에 모여들었고 도시에서는 TV가 없으면 이웃집이나 다방, 만화가게로 모였다. 거리에서는 버스도 택시도 장사가 안 되었다. 한여름의 해운대

해수욕장까지 그 시간이면 백사장이 텅텅 빌 정도였다.

이 모든 상황은 당시 시청률 70%를 넘게 기록한 드라마 〈여로〉 때문에 벌어졌다.

드라마의 내용은 다음과 같다. 일제시대 때 술집 작부였던 여인이 취 주사집의 모자라는 도령과 결혼하게 된다. 그녀는 호된 시집살이를 하는데다 그녀를 짝사랑하는 남자의 흉계에 번번이 괴로움을 당한다. 그녀는 아들이 있음에도 불구하고 술집 작부를 했던 과거가 들통 나는 바람에 시어머니에게 쫓겨나지만 한국전쟁을 맞아 피난지 부산에서 큰 돈을 모은다. 10년이 흐른 후 그녀는 모은 돈을 사회에 환원하고, 그녀의 미담 기사가 신문에 실려 마침내 대전역 대합실에서 온 가족이 눈물겨운 상봉을 한다.

전형적인 시대 비극을 배경으로 했던 〈여로〉는 원래 90회를 목표로 제작되었는데 뜨거운 인기에 힘입어 211회까지 연장 방영됐다. 남자 주인공 장욱제와 여자 주인공 태현실은 최고의 스타로 부상했고 이듬해인 1973년에는 동일 인물이 출연하여 극장용 영화로도 제작되었다.

국민 드라마의 인기 비결이 '강인한 여주인공'이라는 공식은 그때도 마찬가지였다. 〈여로〉의 주인공 분이는 수동적이고 순응적인 여성상이 아니라 스스로 운명을 개척해나가는 불굴의 여성상이었다. 요즈음의 〈대장금〉이나 〈내 이름은 김삼순〉, 〈시크릿가든〉 등의 인기드라마와 비슷하다고 할 수 있다.

<여로>의 인기는 TV 보급률을 획기적으로 늘렸다. 당시 나무 캐비닛에 모셔둔 흑백 TV는 6만 원 정도였고 일반 직장인이 월급을 한 푼도 쓰지 않고 석 달을 모아야 하는 금액이었다. 그런데 드라마가 끝날 무렵 TV가 100만 대나 팔렸다고 한다.

 우리 아이가 TV를 보며 똑똑해졌어요

1995년부터 미국에서는 "TV를 끄면 삶이 살아난다(Turn off TV-Turn on life)"는 구호 아래 '1년에 1주일 TV 끄기' 캠페인을 벌이고 있다. 국내에서도 2004년부터 'TV 안 보기 시민모임'이 출범했다. TV의 유해성과 중독성을 우려하는 캠페인이다. 많은 정보를 주고 재미있는 오락을 제공하는 TV가 왜 유해할까?

TV는 대중매체의 창이다. TV 프로그램은 대중들에 의해서만 만들어지는 것이 아니다. 기업의 광고료를 받아 운영하는 만큼 시청률을 중요하게 생각한다. 짧은 시간에 시청자의 시선을 끌기 위해 프로그램들은 갈수록 선정적이고 자극적여진다. 실제로 시청률이 높은 프로그램은 드라마나 오락 프로그램들이다.

시청자는 한정된 채널 안에서 채널을 선택할 권리가 없다. 심지어 올림픽이라도 하게 되면 지상파 3사가 모두 동시에 올림픽 채널이 된다. TV를 바보상자라고 하는 건 방송국이 조작한 대중미디어를 시청자는 일방적으로 받아들여야 하기 때문이다. 그러나 전자 제품 기술이 발전하면서

TV는 점점 바보상자라는 오명에서 벗어나고 있다.

1990년대 이후로 인터넷이 발달하면서 미디어의 주도권이 점점 소비자에게 이전된 것이다. 인터넷과 연결된 케이블 TV, IP TV가 등장하면서 TV에서도 쌍방향 서비스가 가능해졌다. VOD(Video On Demand, 주문형 비디오) 서비스를 통해 자신이 보고 싶은 프로그램을 언제라도 찾아서 볼 수 있고 IP TV를 통해 홈쇼핑, 금융결제, 온라인 게임, MP3 등 인터넷이 제공하는 다양한 콘텐츠 및 부가 서비스를 제공받을 수 있게 되었다. 최근엔 스마트 TV가 대세이다. 스마트 TV란 컴퓨터처럼 TV에 OS와 CPU를 탑재한 형태로, 소비자는 각종 애플리케이션을 구입해서 TV의

스마트 TV 애플리케이션 화면

기능을 자신의 입맛에 맞게 무한 확장할 수 있다. 또 자신의 컴퓨터나 휴대폰 단말기와 동기화할 수 있을 뿐 아니라, 집에 있는 모든 가전 기기와도 연결시켜 TV를 보며 밥을 짓거나 TV로 현관문을 열 수도 있다. 이렇게 TV는 방송을 보는 미디어 매체를 넘어서 대형 화면의 컴퓨터처럼 집 안의 모든 전자 기기를 중앙 제어하는 컨트롤러가 되어가고 있다. 더 이상 시청자를 바보로 만들지 않고 기기 스스로도 똑똑하니, 스마트(Smart) TV라 불릴 자격이 있지 않을까?

OS(Operating System) 운영체제. 컴퓨터의 하드웨어와 소프트웨어를 제어하며, 사용자가 컴퓨터를 쓸 수 있게 만들어주는 프로그램.

CPU(Central Processing Unit) 중앙처리장치. 컴퓨터의 가장 중요한 부분으로서 명령을 해독하고 산술논리연산이나 데이터 처리를 실행하는 장치.

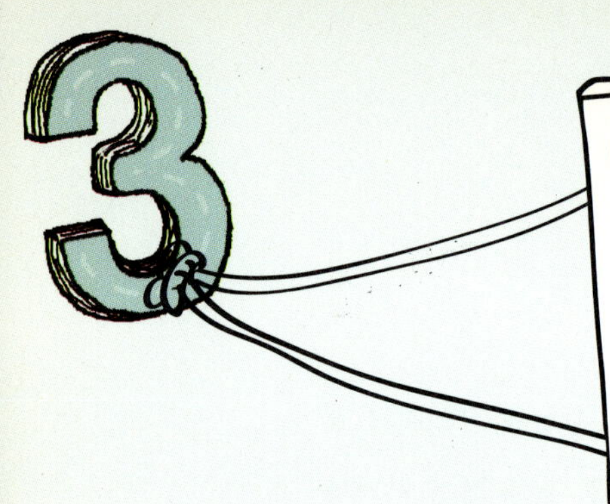

방에서 공부를 하던 서영이는 모르는 문제가 있어 끙끙 앓다가 아빠에게 물어
보기로 했다. 문제지를 들고 거실로 나갔는데 아빠는 누군가와 통화 중이다.

"네 어머니. 제가 전에 말씀드렸잖아요. 마을회관에 가셔서 부탁하시라고
요."

아빠의 통화에 서영이가 끼어들었다.

"아빠? 할머니세요? 나도 좀 바꿔주세요."

"어머니 잠시만요. 서영이가 바꿔달라고 하네요. 통화하시고 다시 저랑 얘
기해요."

서영이는 아빠가 주는 전화를 얼른 받는다.

"할머니, 건강하세요?"

"그래, 우리 아가! 공부는 잘하고 있니?"

"아이 참, 공부가 문제가 아니라 지난주에 학교에서 체육대회를 했는데 내
가 우리 반 단거리 선수로 출전했거든요. 총 10반이어서 10명의 선수가 뛰었

는데, 할머니 내가 얼마나 빠른지 모르시죠? 그래서…….”

“아가, 전화비 많이 나올라. 어여 끊자!”

‘뚜…….’ 서영이는 대답 없는 전화기에 대고 계속 “할머니! 할머니!” 외친다.

“서영아, 아빠 통화 다 안 끝났는데.”

“아빠! 도대체 전화비가 얼마나 나오기에 할머니는 내 얘기도 끝까지 안 듣고 전화를 끊어버리는 거예요?”

“전화비? 우리 집이랑 할머니 집은 같은 회사 인터넷 전화니까 무료인데…….”

“무료? 그게 가능해요? 어떻게 전화비가 무료일 수 있어요?”

“하하, 요즈음 인터넷 전화는 전화비가 매우 적게 나오는데 같은 회사 것을 사용하면 양자 간의 통화비가 가입비 외에 무료인 혜택도 있단다.”

“아니 근데 할머니는 왜 전화비가 많이 나온다고 그래요?”

“할머니가 착각하셨나 보다. 예전에는 전화비가 엄청 비쌌거든. 전화기가 아예 없는 집도 많았단다.”

“말도 안 돼요! 전화기가 없는 집이 어디 있어요?”

“어, 진짜야. 전화기가 부의 상징이었는걸!”

“에이, 아빠 거짓말 아니예요? 비싼 스마트폰도 아니고 고작 집 전화인데?”

“그럼 아빠가 오늘은 전화기의 역사에 대해 말해줄까? 다 듣고 나면 아빠를 믿으려나?”

한국에서 유선 전화가 최초로 사용된 것은 1896년 10월 2일 궁중에서 인천 **감리서**와 정부 부처를 연결하는 전화를 설치하면서였다고 하는구나. 당시 황제의 전화를 받는 신하들은 관복을 정돈하고 큰절을 4번 한 뒤 엎드려서 통화해야 했단다. 또 순종은 부왕인 고종의 능에 전화를 설치해서 아침저녁으로 전화로 곡을 올렸다고 하니 지금 생각하면 참 순수하지?

일반인이 전화를 이용할 수 있게 된 것은 1902년 3월, 서울과 인천 간 전화가 개통되면서부터야. 당시 전화는 텔레폰을 한자로 풀이한 덕진풍(德津風), 덕률풍(德律風) 또는 말 전하는 기계란 뜻의 전어기(傳語機) 등으로 불렸단다. 최초의 민간 전화에 가입한 사람은 5명뿐이었다고 하니 대부분 고위층 관료 집단이었을 것이라고 봐.

민간 전화는 처음에는 전화소의 교환을 통해서만 통화가 가능했는데 통화 가능 시간은 오전 7시에서 오후 10시, 통화료는 5분에 50전, 다음 대기자가 있으면 통화는 10분을 넘길 수 없었다고 하니 지금처럼 자유롭게 통화할 수 없었겠지?

감리서 조선 말기 개항장(開港場)·개시장(開市場)의 행정과 대외관계의 사무를 관장하던 관서.

재미있는 건 통화 중 말다툼을 하거나 저속한 언어·욕설을 하면 교환원이 통화를 중단시키기도 했다는구나. 교환원이 통화 내용을 다 듣고 있었던 거지. 그 이후 국내 전화 사업이 확장되는 듯했지만 1905년에 일본이 한일통신협정을 체결하고 통신권을 빼앗아갔단다.

그러면 우리나라 전화 사업 발전은 그때 멈춰버린 거예요? 그 이후 전화기는 어떻게 발전했나요?

한일통신협정을 통해 통신 주권을 빼앗아간 일본은 1924년 서울과 중국 봉천 간 국제전화를 개통하는 등 통신 산업을 대륙 침략의 한 수단으로 활용했단다. 그런데 역설적으로 우리나라 통신 산업 인프라의 기초가 된 시기가 바로 이때란다. 하지만 일제 강점기 시절의 전화는 대부분 총독부의 행정용과 일부 특권층의 사치품 용도에 머무르는 수준이었다고 하니 대중화가 되지는 않았지.

참, 너는 전화기를 발명한 사람이 누구인지 아니? 그래, 너도 잘 아는 '벨' 아저씨란다. 벨은 1876년 8월 3일 밤 자신의 집에서 가족과 손님들에게 6km 떨어진 브랜트포드에서 사람들이 책을 낭독하고 노래 부르는 소리를 듣게 해주었단다. 전화기의 용도를 정확히 보여준 시연이었지. 1877년 벨은 동료 발명가들과 함께 벨전화회사를 설립했어. 이후 10년 만에 미국에서 15만 명이 전화기를 갖게 되었어. 벨과 동료는 전화기 대중화를 위해 순회 설명회를 열었는데, 그것은 쇼와 비

벨전화회사(Bell Telephone Company)
오늘날 AT&T의 전신.

슷했단다. 멀리 떨어져 있는 동료가 전화기를 통해 인사하고 노래를 부르면, 청중은 크게 놀라고 신기해했어. 소문이 퍼지면서 사람들은 설명회 입장권을 구하기 위해 수단과 방법을 가리지 않았지.

전화기를 시연하고 있는 벨

1877년 4월에는 보스턴에 있는 벨의 작업장과 서머빌 근처 찰스 윌리엄스의 집 사이에 최초의 전화선이 개설됐고, 같은 해 여름에는 당시의 '얼리어답터' 200여 명(대부분 사업상의 필요에 의해 신청한 사업가들)을 위해 보스턴에 최초의 교환대가 설치되었다고 하는구나. 요즈음에도 스마트폰 신제품이 나오면 얼리어답터들이 제일 먼저 줄을 서서 사잖아? 그때도 비슷했나 봐. 신기하지?

근데 너 교환기가 뭔지는 아니? 전화기는 알아도 교환기는 잘 모를 거야. 전화의 원리는 네 음성을 전기 신호로 바꾸어서 회선을 통해 전달한 뒤 다시 음성 신호로 바꾸는 거란다. 그런데 한 집에 한 회선씩 쓴다면 100집이면 몇 개의 회선이 필요할까? 100개? 그 사람들 모두 서로 통화하려면 더 필요하지 않을까? 이 계산법은 n(n-1)/2로 해야 된단다. 그러니까 총 4,950개의 회선이 필요하지. 단 모두가 직통으로 전화를 한다면 말이야. 그런데 만약 중간에서 모든 회선을 끌어다가 서로 연결해준다면 4,950개의 회선이나 필요 없겠지? 그냥 100개의 회선만 있으면 되는 거지.

그게 교환기의 역할이란다. 벨에 의한 전화기의 발명으로 시작된 음성 통신은 수동 교환기의 개발로 본격화되었으며 뒤이어 기계식 자동 교환기의 개발로 더욱 발전했고 전자 교환기로의 진화로 고도화되었단다. 그리고 디지털 교환기의 개발은 지능망이나 종합정보 통신망과 같은 차세대 망으로 진화해서 디지털 망으로 전환 중이야.

자석식 교환기

우리나라는 광복 전까지 대부분 수동 교환기를 썼단다. 수동 교환기가 어떤 거냐고? 수동 교환기에는 자석식과 공전식이 있단다. 자석식 교환기는 전력이 공급되지 않은 장소에서 사용할 수 있고 설치 공사와 유지 보수가 쉬웠어. 반면에 단말 전화기에 건전지를 내장해야 하기 때문에 가입자 수가 증가함에 따라 유지 보수 비용이 많이 들고 교환원의 호출과 통화 종료 시에 일일이 전자석식 발전기의 핸들을 돌려서 보내야 하는 등 불편한 점이 많단다. 그래서 각

공전식 교환기

전화기마다 설치되는 건전지와 신호용 발전기를 없애 전화기의 구조를 단순화시키고 필요한 전원 장치를 교환국 내에 설치해서 가입자들이 공동으로 사용하게 함으로써 유지 보수와 서비스를 개선한 공전식 교환기가 발전하기 시작했단다. 일제 강점기 시대에도 최초의 전자석식 전화기가 점점 공전식으로 바뀌어갔단다.

어쨌든 전화기는 교환기의 발전과 함께 맞물려 발전하는구나.

듣고 보니 교환기가 없으면 전화 통화가 불가능했을 것 같아요. 교환기 얘기 더 들려주세요.

그럴까? 그렇다면 국내 교환기의 발전사를 좀더 자세히 얘기해줄게. 1950년대 후반에는 일본 기업들이 생산 공급하던 스트로저 기계식 교환기가 주류를 이루고 있었단다. 전화가 널리 보급되고 일반화되면서 사람들은 밤낮 구분 없이 신속 정확히 접속되고 교환원이 개입되지 않

아 비밀 유지가 되는 교환기를 필요로 하게
되었어. 이에 장의사 출신의 미국인 알몬 브
라운 스트로저(Almon Brown Strowger)가
1889년 자동 기계식 교환기를 개발했고 그
의 이름을 따서 스트로저식 교환기라고 명
명했지.

그런데 왜 장의사가 기계식 교환기를 만
들었냐고? 그 계기도 참 재미있단다. 스트
로저는 미국 캔자스시의 유명한 장의사였
는데 다른 업체와 경쟁 관계에서 영업을 하
고 있었지. 그런데 어느 순간부터 스트로저
의 영업 실적이 급격히 떨어지기 시작하는
거야. 그 원인을 분석해본 결과 경쟁업자
의 아내가 얼마 전부터 그 지역의 전화 서
비스를 제공하는 수동 교환대 교환원으로
근무하고 있다는 사실을 알게 되었어. 그
녀가 영업에 관련되는 정보를 자신의 남편
에게 몰래 제공하고 있었던 거지. 이 사실
에 분노한 스트로저는 불공정한 업무를 막
아야 한다며 교환원이 개입하지 않는 자동
교환기 개발에 노력을 기울여 결국 기계식
교환기를 발명하고 말았단다. 인간의 집념
은 참 대단하지?

그런데 이 스트로저식 교환기도 많은 통

스트로저식은 전화 가입자의 발
신 다이얼 펄스에 의해 단단(端
端, Step by Step) 스위치를 수
평·수직으로 이동하여 연결시
키는 직접 제어 방식으로서 제
어 회로가 간단하지만 사용 능
률이 낮고 접속 속도(동작 시
간)가 느리며 고장 발생률이 높
다는 단점이 있었다.

EMD식은 스트로저식의 단점
을 극복하기 위해 접점 스위치
에 귀금속을 사용한 것으로서
단방향의 회전(Rotary) 스위치
만으로 구성되어 있어 단단 스
위치를 사용하는 스트로저식보
다 접속 속도가 빨랐다. 또한 유
연성과 확장성이 뛰어났다.

스트로저식의 단점을 개선한
크로스바식은 수평과 수직으로
교차되는 단단 스위치의 접점
에 릴레이(Relay)를 두어 스위
치 접속과 절단 동작을 동시에
제어할 수 있는 것이 기술의 핵
심이었다. 크로스바식에서 처음
적용된 공통제어 기술 개념은
1970년대 후반 본격적으로 개
발되기 시작한 전자 교환기 구
조의 기초가 됐다.

화망을 제공하는 데 한계가 있었나 봐. 1959년 이승만 정권 때 국제 교환기 입찰을 실시했는데, 일본의 NEC 등 3개사는 스트로저식으로, 독일 지멘스사는 EMD식으로, 그리고 미국 ITT, 스웨덴 에릭슨 등 5개사는 크로스바식으로 경합이 붙었지.

입찰 상품의 매매나 도급 계약을 체결할 때 여러 희망자들에게 각자의 낙찰 희망 가격을 서면으로 제출하게 하는 일.

당시 반일 정서의 확산으로 일본의 스트로저식이 입찰 과정에서 불리한 상황이었나 봐. 결국 EMD식이 낙찰되었지. 정부에서는 국토가 비좁아 단일 교환 방식이 유리하다고 판단해서 EMD식을 국가 표준으로 규정하고 EMD식 교환기를 추가 구매했단다.

그 후 1962년 동양정밀은 외국 회사와 기술 제휴를 거쳐 소규모 사설 자동 교환기를 독자 생산했고 1968년 금성이 EMD식 교환기 국산화에 일부 성공했지. 국내 회사도 교환기 개발에 뛰어들게 된 거란다. 이로 인해 국설 자동 교환기는 금성이, 중소 규모 시장은 동양정밀이 각각 장악하며 국산화시켜 스트로저식 80%, EMD식 90%를 달성하게 되었단다. 이런 국산화 과정으로 전자식 교환기 개발의 밑거름이 되는 기술을 획득했단다.

교환기 역사에 이렇게 많은 이야기가 있을 줄 몰랐어요. 그럼 기계식 교환기로 전화기의 대중화가 실현되었나요?

그 전에 기계식 교환기를 쓸 당시 대중들의 전화기 사용에 대해 얘기해 줄게. 그나마 기계식 교환기의 도입으로 일반인들이 사용할 만한 회선을 늘리게 되었지만 전화에 대한 국민들의 관심은 무척 뜨거웠단다. 빠른 경제 성장이 지속되면서 기업들의 업무용 전화 수요가 증가하고 생활 수준의 향상에 따라 일반 시민들의 주택용 전화 수요도 늘어났단다. 정부에서는 1976년까지 2·3차 경제개발5개년계획에서 회선의 대량 증설을 통해 공급률을 끌어올리고자 했지만 시설의 한계로 공급이 수요를 따라잡지 못했지. 오히려 공급률이 매년 떨어졌단다.

전화 회선을 얻기가 힘들어지자 일반인에게 전화 가입권은 일종의 재산권으로 인식되기까지 했단다. 전화 가입 경쟁이 심해지자 정부에서는 1961년 전화 청약 가납금 제도와 우선순위 기준을 도입했어. 시간과 상황에 따라 업계와 가정을 동시에 고려하여 청약 우선순위를 두어 순

서대로 지급했던 거지. 전화 청약 가납금 제도는 전화 청약 수요를 통제하기 위해 전화 가입 청약을 할 때 일정 금액을 맡기게 하고 이에 따른 이자를 지급하는 제도란다. 그러나 제도는 효과를 거두지 못했어. 청약자들은 이자에 관심이 없었단다. 오히려 빠른 전화 설치를 더 원했으며, 날이 갈수록 이자만 쌓여 체신부의 이자 지급 부담만 가중되었어. 결국 전화 청약 가납금 제도는 1983년에 전면 폐지되었단다.

　혹시 너 백색전화, 청색전화라고 들어봤니? 1970년 9월 전화 가입권을 재산권이 아닌 사용권으로 제한하기 전까지 전화는 부유층의 사회적 지위와 경제력의 상징으로 여겼어. 집 전화가 무려 200만 원이 넘는 가격을 호가하기도 했으니 불법 거래뿐 아니라 임대 및 투기의 대상도 되었다는구나. 당시 쌀 80kg 한 가마니가 6,300원 정도였으니까 엄

청난 가격이었겠지? 이 전화를 백색전화라고 했는데 전화기 색깔이 백색이 아니라 가입원부의 색이 백색이라는구나. 백색전화는 기존에 이루어진 전화 가입 계약에 대해서는 재산권이 인정되고 가입권 양도도 가능했었지.

그 후에 정부에서 공급한 청색전화는 공공 시설에만 사용할 수 있어 양도가 불가능했단다. 그러나 적체 수준에 비해 정부의 공급이 턱없이 부족하여 백색전화의 거래 가격만 비정상적으로 높이는 결과를 낳았다고 하는구나. 참 아까도 얘기했듯이 전화기가 청색이 아니라 가입원부의 색이 청색이란다.

그래서 집에 전화가 없는 사람들은 공중전화를 사용할 수밖에 없었단다. 1961년엔 680대, 1966년엔 2,588대, 1971년엔 7,820대, 1976년엔 2만 3,104대의 공중전화가 전국에 설치되었어. 정부는 공중전화 보급에 힘썼지만 여전히 역부족이었나 봐. 지금은 공중전화 앞이 썰렁하지? 대부분 휴대폰으로 전화를 하니까. 근데 그때는 어땠는 줄 아니? 아마 네가 쉬는 시간에 학교 매점 앞에서 서는 줄보다 훨씬 길었다고 할

거리의 파수꾼, 공중전화

부잣집에서 사랑받던 전화기가 평범한 동네 한가운데에 자리 잡게 된 것은 참으로 반가운 일이었다. 때문에 공중전화기가 처음 등장한 것은 요즘의 휴대폰과는 비교할 수 없을 정도의 사건이었다. 특히 1980년대까지 존재했던 오렌지색 몸통의 공중전화는 그 시절을 보낸 사람들의 기억 속에서 빼놓을 수 없는 거리 풍경의 한 장면으로 자리 잡고 있다. 오렌지색 전화기의 시대가 끝나자 D.D.D.로 불리던 전화기가 등장했는데 덩치도 크고 회색의 금속 박스 모양으로 튼튼하게 만들어진 데다 사람들의 키높이를 고려해서 설치되었다. 이 전화기의 큰 특징은 그 전에는 불가능했던 시외전화가 가능했다는 점이다.

701A형 1983년 금성통신에서 제작한 시내용 공중전화기.

까? 매점에서는 계산만 하면 되니까 줄이 금세 줄어드는 데 반해 공중전화는 통화를 하니까 앞 사람들이 통화하는 시간 동안 기다려야 하지. 만약 내 앞에 5명이 있는데 각자 10분씩 통화를 한다고 하면 난 50분을 기다려야 하는 거지. 정말 끔찍하지? 그래서 1972년엔 3분이 지나면 무조건 전화가 끊기는 '공중전화 3분 제한'을 시행했단다. 아까 할머니가 전화를 일찍 끊은 것도 그 시절을 겪으셔서 그러신 걸 거야. 요즈음엔 휴대폰도 커플간 무료통화나 무제한 정액제 등으로 오랜 시간 통화가 가능하지만 당

아빠가 무뚝뚝한 건 전화비 때문?

1970~1980년대를 살았던 사람이라면 전화기 가운데에 일률적으로 써 있는 '용건만 간단히'란 글자를 기억할 것이다. 당시의 유선 통화료는 서민들이 감당할 수준이 아니어서 지금처럼 전화로 '수다'를 떨거나 대화 중 생각하느라 침묵이 흐르면 부모님께 혼나곤 했다. 심지어 할 말을 수첩에 적어서 재빨리 말하고 끊어야 했으니 소통에 제약이 많았다. 최근의 인터넷 전화, 무료문자 서비스 등을 이용하며 시간에 구애받지 않고 자유롭게 소통할 수 있는 세대들은 다소 무뚝뚝한 부모님을 이해할 필요가 있다.

다이얼 전화기
'용건만 간단히'라는 문구가 씌어 있었다

시엔 국가적으로 '용건만 간단히' 캠페인을 벌였단다. 이런 통신 제한은 소통의 발전을 저해하기도 했지.

예전에 정말 전화 통화하기가 힘들었네요. 그럼 전화의 대중화는 어떻게 이루어진 거예요?

오른쪽의 그림은 1975년 12월 26일 〈동아일보〉에 실린 거란다. 당시 국민들의 전화에 대한 열망이 어땠는지 짐작할 수 있지? 1970년대 중반엔 전화 시설에 대한 요구가 사회 전반에 걸쳐 거세게 일어났단다. 고위 관료들 사이에서도 통신이 산업 발전에 아주 중요하다는 인식이 확산되었지. 아빠가 아까 얘기한 전화 청약, 청색전화 보급 등은 일종의 미봉책으로서 근본적

전국적 전화 적체 현상에 관한 삽화

인 해결책이 되지 못했단다. 그럼 어떤 제도로 극복했냐고? 전화 적체 현상을 극복하게 된 계기는 제도가 아니라 기술이었단다. 그 기술은 바로 1976년 정부에서 도입한 '전자식 교환기'였어.

전자식 교환기가 뭐냐고? 전자식 교환기는 1958년 미국의 벨연구소가 발표한 방식인데, 기억 장치에 저장된 프로그램의 지시에 따라 신호의 접속과 복구에 필요한 기능이 수행되는 형태였지. 전자식 교환기는 프로그램 변경이 간단히 이루어져 운용 관리 및 유지 보수가 쉬울 뿐만 아니라 그 외에도 많은 특수 서비스를 이용할 수 있었단다.

전자식 교환기의 가장 큰 특징은 자동화에 있어. 특히 제어부에 컴퓨터가 자리 잡으면서 교환 기술이 급격히 발전하게 되었고 그 기능도 다

양화 되었단다.

당시 신문기사를 보면 전자식 교환기를 바라보는 사회적 기대를 짐작할 수 있단다. 1976년 9월 6일자 〈동아일보〉에는 "전자 교환 방식은 전화의 혁명이다"라는 기사가, 1979년 10월 1일 〈매일경제〉엔 "신기술, 신제품의 총화"라는 기사가 실렸어. 또 1978년 2월 1일 〈동아일보〉는 "대중통신의 혁명"이라 칭했단다.

전자 교환기의 도입은 전화기 대중화를 이루었고 국내 통신사에 혁신을 일으켰단다. 1980대 초만 해도 전화 보급률이 평균 100명에 8대 꼴이었는데, 1983년부터 연간 100만 회선이 공급되고 금성, 삼성, 대한 등 소형 전자식 교환기를 둘러싼 각 기업 경쟁이 치열해졌어.

그에 따라 백색전화의 가격이 점차 하락해 결국 청색전화와 비슷한 수준까지 되었다고 하는구나. 결국 1987년에는 '즉시 승낙 비율'이 100%가 되었다고 해. 전화가 필요한 사람이 신청하면 바로 설치할 수

있게 된 거지. 참 축하할 일이지?

그 이후 전화 적체 문제에서 해방된 사람들은 대한민국 통신 기술의 발전을 주시하며 크게 기대하게 되었단다. 그러한 사람들의 기대에 부응한 지금, 우리나라 통신 기술이 세계적인 건 너도 알지? 특히 인터넷과 휴대폰의 통신 기술은 세계 최고라 해도 손색이 없을 정도로 그 속도와 품질이 뛰어나단다. 지금의 발전이 오랜 통신 기술 변천사의 역경을 통해 이뤄진 것이라고 생각하니 집에 있는 인터넷 전화가 달라 보이지?

이제 할머니한테 다시 전화해 보렴. 이번엔 용건만 간단히 하지 말고 하고 싶은 말 마음껏 하려무나. 참 할머니한테는 통화료가 무료라고 미리 말씀드려! 아마 할머니가 안 믿으실걸.

최초로 전화를 발명한 사람은 벨이 아니다!

자신의 발명을 인정받기 위해서는 특허청에서 발명 특허권을 얻어야 한다. 예를 들어 놀라운 발명품이 있다고 하자. 그 발명품은 A가 발명했는데 그의 친구였던 B가 몰래 특허청에 가서 발명 특허권을 얻는다면 그 발명품의 발명가는 B가 되는 것이다.

세기의 발명품들 중에는 실제 초기 발명가와 발명 특허권을 먼저 얻은 사람이 다른 경우가 많다. 전화도 예외는 아니었다.

18세기 들어 여러 발명품이 나오기 시작하면서 자신의 발명품에 대한 권리를 주장하는 것이 필요하게 되었다. 당시 특허 제도에는 특허 신청 방법이 2가지가 있었는데 하나는 '특허권'이고 다른 하나는 '특허절차보류 제도'이다.

'특허권'은 완성품에 대한 설계도 또는 완제품을 검증하는 것이었고 '특허절차보류 제도'는 아직 완성되지는 않았지만 그 아이디어를 설명하고 1년 안에 특허권을 신청하면 되는 발명 사전 예약과 같은 제도였다. 특허 보류가 신청된 후 다른 사람이 동일 항목에 특허권을 신청하면 그 시점으로부터 3개월 안에 특허보류권을 신청한 사람에게 먼저 특허권을 신청할 수 있는 우선권이 주어졌다. 그러나 특허보류권을 가진 사람이 신청하지 못하면 새로 특허권을 신청하는 사람이 특허권을 가질 수 있었다.

이탈리아 출신인 안토니오 무치(1808~1889)는 1835년 쿠바로 이주했다가 1850년 다시 뉴욕으로 이주했으며, 금속도금 공장을 경영하면서 전기를 이용하여 병든 사람을 치료하기도 했다. 그는 1860년경 텔레트로포노(teletrofono)라 명명한 전화를 발명하여 몸이 불편했던 옆방의 아내와 통화도 하고 여러 곳에서 시연도 했으나, 이를 상품화하기 어려워 더 이상 발전시키지 못했다.

결국 1871년 12월 전화기에 대한 특허절차보류를 신청했고, 그 후 두 번 더 연장 신청을 했지만 1874년 더 이상 연장 신청을 하지 않아 보류 신청은 소멸되었다. 그로부터 약 1년 후 벨이 특허를 신청하게 된 것이다.

이탈리아 이민자라 영어에 익숙하지 않은 무치는 경제 형편이 좋지 않음에도 웨스트유니온 전신회사에 특허 신청을 위탁했는데 웨스트유니온 전신회사가 설계도와 설명서를 모두 분실하고 말았다.

전화기 시연과 연구 과정에 벨이 함께 있었기에 무치는 자신의 아이디어를 벨이 도용했다고 주장했으나 재판 직전 무치가 사망하여 재판은 이루어지지 않았다.

2002년 6월 이탈리아 출신 미국 하원의원인 비토 포셀라에가 미국 의회에 최초의 전화기 발명자는 안토니오 무치라 주장했고, 의회는 결국 인정해주었다.

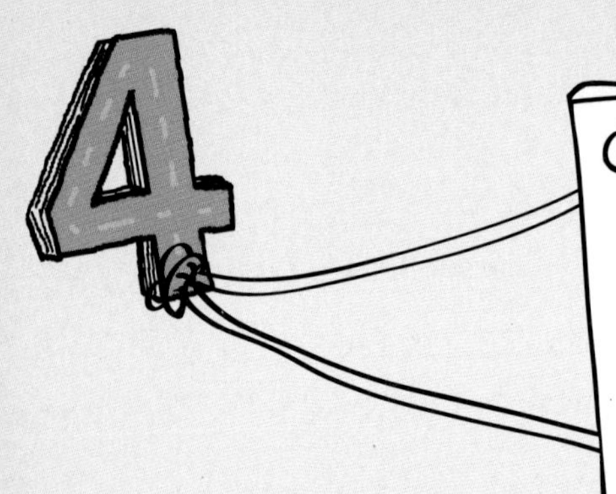

아빠와 서영이는 마트에서 물건을 고르고 있었다. 우유, 야채, 고기, 과일 등 쇼핑 카트가 벌써 식료품으로 가득 찼다. 아빠는 살 것을 다 산 듯 쇼핑 카트를 계산대 쪽으로 향했다.

"아빠, 잠깐 스톱!"

서영이가 아빠를 멈춰 세웠다.

"아까 엄마가 뭐 사오라고 했잖아요!"

"그, 그래? 뭐였지?"

"음, 까먹었다. 아빠는 기억 안 나세요?"

"글쎄, 엄마가 무슨 말을 한 건 기억 나는데 내용이 뭐였더라. 아빠가 엄마한테 전화해서 물어볼게"

아빠가 급히 주머니를 뒤지는데 휴대폰이 없다.

"참, 아빠가 충전한다고 집에 놓고 왔구나. 네 것으로 해볼래?"

서영이가 휴대폰을 꺼내 버튼을 누르려는데 전원이 들어오지 않는다.

“앗, 어떡해! 배터리가 방전되었어요.”

“그래? 어쩌지 그럼?”

서영이는 바보 같은 지금 상황에 심통이 나는지 투덜거렸다.

“왜 하필 아빠는 휴대폰을 안 가져온 거예요? 충전은 배터리만 따로 해도 되잖아요!”

“그러게, 휴대폰이 없다는 게 이렇게 불편한 줄 몰랐네. 휴대폰 없이도 잘살던 때가 있었는데……."

아빠는 서영이를 데리고 마트 내에 있는 고객서비스센터로 갔다. 서영이의 휴대폰을 보여주며 충전을 부탁했더니 기꺼이 해주겠다고 했다. 두 사람은 앉아서 충전되기를 기다렸다. 심심한 표정으로 앉아 있던 서영이가 아빠한테 물었다.

“아빠는 예전에 휴대폰 없이 어떻게 살았어요?”

“너 17 317071이 무슨 뜻인지 아니?”

“그게 무슨 뜻이 있어요? 그냥 전화번호 아니에요?”

“I LOVE YOU란 뜻이야.”

“어떻게 17 317071이 I LOVE YOU란 뜻이 될 수 있죠?”

아빠는 흐뭇하게 웃는다.

“넌 삐삐가 뭔 줄 모르겠구나?”

“삐삐? 삐삐가 뭔데요?”

“서영이를 세상에 태어나게 해준 고마운 존재?”

“잉? 그게 무슨 소리예요?”

“사실 아빠랑 엄마를 이어준 건 삐삐란다.”

“삐삐란 사람이 아빠와 엄마를 소개시켜 준 거예요?”

“하하하, 삐삐는 사람이 아니라 기계야. 그럼 아빠가 충전하는 동안 이동통신의 역사에 대해 얘기해줄까?”

최초의 이동통신 기기는 어떤 거였어요?

아마 너도 드라마 같은 데서 한번쯤 본 적이 있을 거야. 대기업 회장이 차 뒷좌석에 앉아 차에 달린 전화기로 전화하는 장면을 말이야. 그게 바로 최초의 이동통신 기기인 카폰(car phone)이란다. 자동차에 설치된 무선전화라고 할 수 있지. 최초의 이동통신 기기치고는 너무 멋있다고? 아빠도 그렇게 생각한단다. 최초의 카폰은 1960년에 설치되었는데, 장관 등 딱 20명의 고위직 관료 차량에만 달려 있었단다.

1961년 8월 15일, 인천·의정부 등 경기도 일부 지역까지 카폰 이용이 확대됨에 따라 점차 이동 무선전화에 대한 인식이 새로워져서 언론 기관을 비롯한 일반 기업체에서도 신규 가입 청약이 쇄도하게 되었지. 1965년에는 언론 기관 등 일반 기업체 가입자를 포함한 총 가입자 수가 78명에 이르렀단다. 그런데 최초의 카폰은 통화자가 교대로 말하는 단방향 시스템이었다는구나. 마치 무전기처럼 말이야.

카폰의 기술도 시간이 지나며 발전하게 되었지. 1984년 3월, 한국통신의 자회사인 한국이동통신서비스주식회사가 설립되었고 그때부터 실질적인 이동전화(카폰)의 대중화가 시작되었어. 1985년 카폰 가입자 수가 2,659명이었다고 하니 많이 늘었지. 하지만 당시 카폰은 대부분 미국산 모토로라 제품이었는데 점차 국내 회사들도 카폰 시장에 뛰어들었단다. 국내 회사에서는 외국 회사와의 기술 제휴로 버튼식 카폰을 생산(부품 국산화율 20% 미만) 또는 수입하여 시판하기 시작했지. 삼성반도체통신(도시바 제휴)도 수개월 늦게 합류하여 5강 체제를 이루게 되었단다.

그때 카폰은 가입비를 포함해서 400만 원이 넘어 당시 유명했던 포니2 승용차 가격보다 더 비쌌다고 하니 네가 본 드라마에서처럼 국회의원, 대기업 회장님, 사장님이나 사용할 수 있었지 일반 서민들은 사용할 수 없는 제품이었어. 또 카폰은 차 안에서만 사용할 수 있어서 불편한 점이 많았단다.

1984년 당시 카폰

1988년부터 국내에서 휴대폰 서비스가 시작되면서 1991년도에는 휴대폰 가입자 수가 카폰 가입자 수를 앞서게 되어버렸어. 그 후 카폰과 휴대폰의 판매 경쟁이 치열했으나 카폰이 밀렸고, 1999년도에 카폰 서비스가 종료되면서 역사 속으로 사라지게 되었지. 아빠 지금이라도 폼으로 차에 달고 싶은데 참 아쉽구나.

카폰과의 경쟁에서 휴대폰이 이긴 거네요. 그럼 휴대폰은 어떻게 발전하게 된 거죠?

그건 크게 정책적인 측면과 기술적인 측면 두 가지가 뒷받침되었지.

정책적인 측면에서는 그동안 정부에서 주도적으로 했던 통신 사업을 민영화했어. 기술적인 면에서는 1995년 개인 휴대폰 기술 방식을 CDMA(Code Division Multiple Access, 코드분할다중접속) 단일 표준으로 결정하게 되었단다. CDMA가 뭐냐고?

그럼 먼저 전송 속도에 따라 1~4세대로 구분되는 이동통신 진화 발전 과정을 아빠가 설명해 줄게. 요즘 3세대(G), 4세대 등 차세대 이동통신에 대한 이야기가 많이 나오지? 그런데 이런 세대 구분은 어떤 기준을 따르는 걸까? 또 세대가 진화할수록 소비자들이 이용할 수 있는 서비스는 어떻게 달라질까? 간략하게 세대별 특징을 얘기하자면 1G=음성, 2G=음성과 문자, 3G=음성·문자·영상, 4G=모든 것(everything)으로 요약할 수 있단다.

진짜 간단하지? 이런 세대 구분은 세계 전기·전자 분야의 국제기구인 ITU(International Telecommunication Union, 국제전기통신연합)가 주관하고 있으며, 전송 속도가 얼마나 향상됐느냐에 따라 구분된단다.

1세대 이동통신은 아날로그 이동통신이라고 불렸으며, 음성통화만 가능했어. 우리나라는 지난 1984년경 SK텔레콤의 전신인 한국이동통신이 처음으로 아날로그 이동통신 서비스를 상용화했는데 속도는 10Kbps로 데이터 전송은 불가능했단다.

1세대에 아날로그라는 말을 붙이게 된 것은 음성을 전송하기 위해 사용하는 주파수 변조(FM, Frequency Modulation) 방식이 아날로그였기 때문이야. 아날로그 방식은 통화에 혼선이 생기고 주파수도 효율적으로 관리하지 못한다는 단점이 있단다.

그래서 디지털 방식의 2세대 이동통신이 등장했어. 여기서부터는 유럽식 GSM과 북미식 CDMA 등으로 기술 방식이 다양화되는데 전 세계가 대부분 GSM 방식을 채택하고 있었는데 국내에서는 미국의 조그만 벤처

기업 퀄컴사의 CDMA 방식을 채택한 거야. 그런데 이 사건은 국내적으로 또 세계적으로도 아주 의미가 깊단다.

CDMA는 한 주파수를 여러 사람이 나누어 사용하는 것으로, 통화 품

질이 아날로그보다 우수하고 보안성도 높
다는 것이 특징이란다. 또 속도가 빠르지는
않지만 이때부터 문자메시지나 벨소리 다운
로드 같은 저속의 데이터 서비스가 가능해
졌어. 당시 전문가를 포함해 상당수 사람들

은 언젠가 GSM을 선택하지 않은 것
을 후회할 것이라고 했지만 한국은
세계 최초로 CDMA 상용화에 성공
했고 현재 전 세계 CDMA 시장은 중
국과 인도, 미국을 중심으로 성장세
를 이어가고 있다 하니 세계 이동통
신의 역사가 한국의 CDMA
기술에 힘입어 새로운 방향
으로 발전하게 되었다고 해
도 과언이 아니지. 이로 인해

후발 통신 국가였던 한국은 이동통신 강국으로 부상했고 초고속 인터넷과 더불어 IT코리아라는 명성을 얻는 데 중요한 역할을 하게 되었단다.

2세대는 음성통화 외에 문자메시지, e메일 등의 데이터 전송이 가능해진 것이 가장 큰 특징이야. 데이터 전송 속도는 9.6~64Kbps 정도로 지금과 비교하면 상당히 느리지만, 이때부터 정지 화면 전송이 가능해졌단다. 2세대를 계기로 국내 이동전화 시장이 비약적으로 성장하고 휴대폰 산업도 글로벌 경쟁력을 갖추게 되었지.

2001년에는 IMT2000이라는 3세대 이동통신 시대를 맞게 되지. IMT2000부터 휴대폰을 통한 음성과 문자 전송은 물론이고, 무선인터넷을 통해 주문형 비디오, 양방향 통신, MP3 등을 다운로드 받아 보는

이동통신의 기술 변화

구분	1G	2G	3G	4G
데이터 종류	아날로그	디지털	디지털	디지털
대표 규격	NMT, AMPS	GSM, CDMA	W-CDMA, CDMA2000	LTE, LTE어드밴스
전송 속도	-	14.4~64kbps	144kbps~14.4Mps	100Mbps 이상
주요 콘텐츠	음성	음성, 문자	음성, 문자, 영상, 인터넷	음성, 문자, 영상, 인터넷
다운로드 속도 (800mb 동영상)	다운로드 불가	약 6시간	약 10분	약 85~6초
주요 사용 시기	1980~1990년대	1990~20000년대	2000~2010년대	2010년대 이후

시대가 열린 거야.

4세대는 정의상으로 정지 중 1Gbps, 이동 중 100Mbps의 속도를 내는 이동통신 서비스를 말해. 이론적으로 1.4GB(기가바이트) 분량의 영화 한 편을 휴대폰으로 11초 정도에 받을 수 있는 속도라 하니 엄청나게 발전했지?

휴대폰은 카폰과 달리 일반인들이 쉽게 사용할 수 있었네요. 이런 대중 이동통신 기기는 휴대폰이 처음이었어요?

우리가 지금 흔히 쓰는 휴대폰 이전에 삐삐, 씨티폰, PCS가 있었단다. 아마 넌 드라

'IT'를 관장하는 행정 기관이 있었다?

21세기 정보화 사회에 능동적으로 대처하고 IT 분야를 국가 발전 사업으로 육성할 수 있도록 하기 위하여 1994년 12월 '정부조직법'을 개정하여 체신부를 정보통신부로 개편하였다.

주요 업무는 국가사회 정보화 정책의 수립 및 종합 조정, 초고속 IT망의 구축 및 정보 보호, 장단기 IT 정책 수립, 정보 통신 사업 육성 및 공정경쟁 촉진, 통신사업자 허가 육성 및 공정경쟁 촉진, 전파방송에 관한 정책의 수립 및 관리, 우편우체국 금융 사업에 관한 정책 수립의 추진 등이었다.

Gbps(Giga bit per second) 1초에 10억 bit의 데이터를 보낼 수 있는 전송 속도.

Mbps(Mega bit per second) 1초에 100만 bit의 데이터를 보낼 수 있는 전송 속도.

PCS(Personal Communication System) 개인 휴대 통신.

마 〈응답하라 1997〉에서 봤을 거야. 지금은 찾아볼 수 없지만 말이야.

1990년대 말 대중적인 이동통신 기기가 급속도로 확산되었는데 대표적인 기기가 삐삐와 PCS였단다. 둘 다 매우 생소하지?

삐삐는 휴대용 무선 호출기를 일상적으로 이르는 말로 기기의 호출 알림 소리에서 유래되었단다. 1983년에 등장한 삐삐는 처음에 기업의 사업용 통신 수단으로 이용되었지만 1990년대에 들어와 폭발적인 수요를 자랑하며 1997년에는 가입자 수가 1,500만 명을 돌파할 정도로 대중들의 엄청난 사랑을 받았지.

삐삐는 지금의 휴대폰처럼 통화 기능이 있는 기기는 아니란다. 기기마다 012 또는 015로 시작되는 고유번호가 있는데 그 번호로 자신이 있는 곳의 유선전화번호를 찍어서 상대방이 그 번호로 전화하게 만드는 거야. 사람들은 단지 전화번호만 찍는 것이 아니라 숫자를 이용하여 여러 가지 표현을 했단다. '1004'는 천사란 뜻이고 '1010235'는 '열렬히 사모합니다', '8255'는 '빨리오오'라는 의미의 삐삐 약어란다. 아빠와

엄마가 결혼까지 한 것도 다 이 삐삐 덕이란다. 아빠가 '17 317071'라는 삐삐 숫자로 엄마에게 사랑 고백을 했거든. 그 숫자들이 왜 I LOVE YOU란 뜻이냐고 물어봤지? 삐삐에 찍힌 17 317071을 뒤집어 보면 I LOVE YOU로 보인단다. 참 신기하지?

당시 신세대들한테 삐삐는 없어서는 안 될 물건이었어. 마치 너의 휴대폰처럼 말이야.

012는 한국이동통신이, 015는 나래이동통신이 서비스를 했는데 두 회사의 경쟁은 치열했단다. 또 젊은 세대들은 평균 6개월에 한 번씩 신제품 삐삐로 바꿀 정도로 상품 시장도 뜨거웠지. 지금의 휴대폰보다 가격도 싸고 종류가 훨씬 다양해서 삐삐는 단순 통신 기기를 넘어 자신의 개성을 표현하는 또 하나의 액세서리로도 취급했단다.

삐삐 다음 나온 게 '씨티폰'이야. 씨티폰은 정부 주도하에 성급하게 도입됐다 실패를 맛본 신규 서비스 중 가장 대표적인 사례로 꼽힌단다. 씨티폰은 삐삐와 PCS 시장 중간에 낀 상품이야. 씨티폰은 삐삐가 연락처만 받을 수 있다는 단점을 보완한 것으로 수신은 안 되지만 발신이 가능한 전화였어. 대신 중계안테나가 100m 이내에 설치되어 있어야 통화가 가능했지. 그래서 씨티폰을 이용하는 사람은 주로 공중전화 부스 옆에서 사용할 수밖에 없었다. 너도 아마 그러면 차라리 공중전화를 사용하는 게 더 낫다는 생각이 들지? 아빠도 그랬단다. 당시 소비자들도 통화 품질 불량과 턱없이 비싼 통화료 때문에 불만이 많았지.

씨티폰 사업은 당시 엄청난 수익을 올릴 것

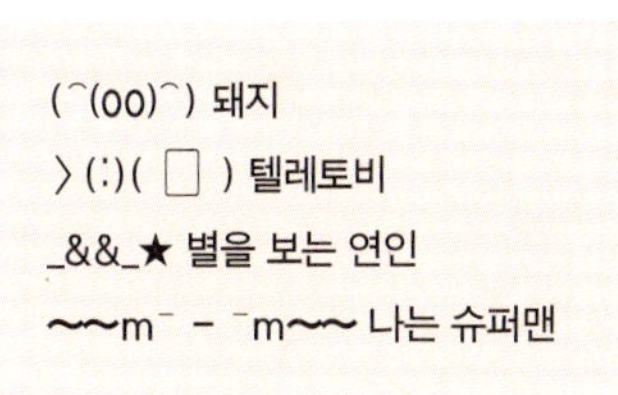

숫자와 기호로 표현한 다양한 삐삐 문자

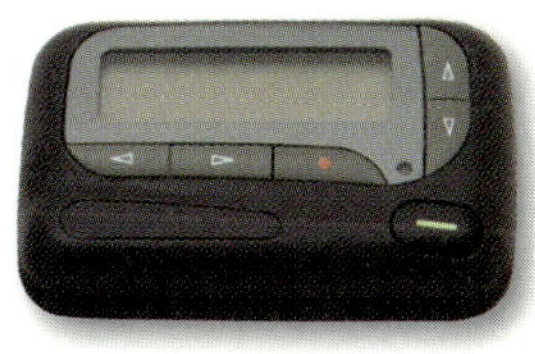

삐삐

이라고 전망됐지만 1997년 PCS가 급속히 확산되면서 불과 3년 만에 수천억 원에 달하는 투자 손실만 남긴 채 시장에서 퇴출됐지. 그리고 그 뒤를 이은 PCS가 지금의 휴대폰으로 발전하게 된 거란다.

그럼 휴대폰의 원리는 뭔가요?

네가 그걸 물어볼 줄 알고 있었단다. 영어로 '모바일폰(Mobile phone)', '셀룰러폰(Cellular phone)' 이라고 하는 휴대폰은 카폰처럼 이동통신 지역 내를 임의로 이동하면서 무선 존(zone) 안의 기지국을 통해 일반 유선전화 가입자나 다른 이동통신 전화 가입자와 통화가 가능한 전화를 통틀어 이르는 말이란다.

처음에는 아날로그 방식도 쓰였지만, 유지하는 데 막대한 비용이 들고 수용 용량도 적어 현재는 CDMA 방식을 이용한 디지털 휴대폰이 주종을 이루고 있어. 또 같은 CDMA 방식을 기본으로 하면서도 일반 디지털 휴대폰보다 주파수 대역이 높아 화상이나 동영상까지도 주고받을 수 있는 전화기도 등장하는 등 하루가 다르게 성능이 향상되고 있지.

원리는 이동통신 서비스 지역 안에 있는 사람이 휴대폰으로 전화를 하면 먼저 관할 기지국에 무선으로 연결이 되고, 그 지역을 벗어나면 다음 기지국으로 자동적으로 바뀌는 원리를 이용했어. 기지국이 바뀌는 시간이 아주 짧기 때문에 사용자는 변화를 거의 느낄 수 없었단다. 즉 이동통신 서비스 지역 안에는 많은 수의 무선 존이 있고, 무선 존마다 무선 기지국이 있어 기지국과 휴대폰 사이에서는 무선으로 접속된단다. 또 일반 가입자와 접속할 때는 일단 기지국과 무선으로 접속한 뒤 다시 유선을 통해 제어국·교환국 등을 거쳐 통화가 이루어지는 구조로 되어 있었지.

휴대폰이 셀룰러폰이라 불리는 건 개인용 이동통신 회사들이 서비스 대상 지역을 여러 개의 셀(cell)로 나누고 이들 각각에 하나씩의 기지국을 설치하는 식의 전달 방식을 채택한 데서 유래했어. 우리나라에서

PCS 역시 전파 전달 방식에 있어서는 같은 방식을 취하므로 일종의 셀룰러폰이라고 할 수 있었던 거지.

나도 PCS를 한번 써보고 싶어요.

PCS 서비스는 전파의 직진성은 강하지만 도달 거리가 짧기 때문에 같은 영역을 커버하기 위해 훨씬 더 많은 기지국을 설치해야 하는 부담이 있었어. 고속 주행 시에 통화가 자주 끊긴다거나 높은 건물이나 산으로 주위가 막힌 곳에서는 통화가 잘 되지 않는 단점이 있었던 거지. PCS는 2G폰이고 통신사들은 2G 서비스를 종료하고 있어 이제 아쉽게도 더 이상 사용할 수 없단다.

그래도 1997년 PCS가 상용화되자마자 가입자가 하루 1만 명씩 늘어 순식간에 500만 명을 넘어서 우리나라 이동통신 이용자 수가 세계 10위권에 진입했단다. 그로 인해 단말기 시장과 통신업계 시장은 매우 불꽃 튀는 쟁탈전을 벌여 여기까지 발전하게 된 거란다.

네가 스마트폰이라면 아빠는 PCS가 되려나? 어쨌든 내가 있었기에 네가 있는 것처럼 PCS는 휴대폰 대중화에 큰 기여를 했단다.

다양한 PCS

연인들 사이의 삐삐 암호는 007 수준?

만약 지금 세대가 타임머신을 타고 삐삐가 있던 시절로 돌아간다면 연애를 하는 데 무척 애를 먹을 것이다. 휴대폰 같은 이동통신 기기가 없던 시절이라 삐삐를 사용해야 하고, 삐삐를 사용하려면 그 방식을 알아야 하는데 삐삐의 숫자 암호는 영화 〈007〉에 나오는 제임스 본드도 풀기 힘들 정도로 난해하다.

전화로 삐삐 번호를 누르면 1번은 숫자 호출, 2번은 음성 녹음으로 이어진다.

특별하고 구체적인 말이 필요할 때는 2번을 누르고 음성 녹음을 한다. 수신자가 음성 녹음을 확인하려면 자신의 삐삐 번호에 전화를 걸어 음성 사서함에 숨겨진 음성을 비밀번호를 통해 열어야 한다. 즉 수신자는 삐삐에 음성 녹음 메시지가 온 것을 확인하면 가까운 곳에 있는 전화기로 달려가야 한다. 만약 특별한 메시지가 아니라면 이런 소모적이고 불편한 일을 굳이 할 필요가 없다고 느낀 신세대들은 자기들만의 삐삐 암호를 암묵적으로 정하게 된다.

'5858(오빠오빠)' '8282(빨리빨리)' '1004(천사)'는 해독하기 무척 쉬운 편이다.

만약 삐삐에 0이라는 숫자 하나만 찍힌다면 요즈음 사람들은 오류 메시지라 생각할 것이다. 하지만 당시 삐삐 세대들에게는 0 하나에도 '난 너의 0순위'라는 의미를 부여했다.

이밖에도 당시 사용되었던 삐삐 암호 중 몇 개를 살펴보면, 0027(땡땡이 치자), 0049(교통사고 : 빵빵사고), 045(빵 사 와), 0909(모든 것이 취소되었다 : 빵구빵구), 0920(볼링장가자), 100(돌아와 Back), 11010(홍 : 옆으로 뉘어서 보면), 155155(그립다, 1V1SS), 3575(사무치오), 505(SOS), 5809(오빠바보 : 오빠영구), 7788(여행하고 싶다 : 칙칙폭폭), 979775(당신이 싫어요 : 구질구질 싫어) 등이 있다.

이 암호들을 해석할 수 있는 일정한 규칙은 따로 없다. 어떤 건 소리 나는 대로, 어떤 것은 영문자와의 연관성, 어떤 것은 의성어로 유추, 심지어 어떤 것은 수신기를 옆으로 눕히거나 뒤집어서 암호를 해독해야 한다.

청춘들은 원래 무규칙의 원리에서 살아간다. 그냥 느낌이 흐르는 대로 말하고 행동한다. 당시에도 예외는 아니었다. 그런 삐삐 시대의 청춘도 지금과 마찬가지로 연애가 최고의 관심사였다.

연애 초기엔 0024(영원히 사랑해), 0242(연인사이), 337(힘내337박수), 5824(오빠영원사랑해) 등의 달콤한 삐삐 숫자가 오고 갔다.

당시에는 프랜차이즈 커피점이 없어서 대신 '커피전문점'이란 곳에서 데이트를 즐겼다. 커피전문점에는 테이블마다 전화기가 한 대씩 놓여 있었다. 때론 테이블에 전화기가 없는 카페도 있었는데, 데이트 약속을 하고 먼저 와 기다리던 사람이 주머니에서 진동이 울리면 설레는 마음으로 공중전화로 뛰어가곤 했다.

음성 메시지에 녹음되어 있는 연인의 목소리는 차마 지울 수 없었고 떨어져 있는 시간에 보고 싶을 땐 몇 번이나 음성 사서함을 열어 서로의 음성을 확인하곤 했다.

그렇게 연인과 떨어져서는 못살 것처럼 하다가도 사이가 삐걱거릴 때는 '5875(오빠싫어)'나 '9797(구질구질)'이라는 부정적인 암호가 오가기도 하고 정말 안 좋게 헤어질 때 즈음 되면 666(저주의 숫자)이란 문자를 주고받기도 했다.

헤어지는 날에도 다시 커피전문점에서 만나 마지막 이야기를 나누고 누군가가 먼저 자리를 일어서게 된다. 그 마지막 순간까지 뭔가 여운을 주고 싶어서 깔끔하게 돌아서지 못하고 삐삐 문자를 보내게 되는데 그때 사용하는 암호는 '20000' 혹은 '98758'였다. 20000은 이만, 98758은 굿바이오빠를 뜻한다.

헤어진 후에도 한동안 음성 사서함을 저우지 못한다. 각자 자신의 집에서 이별 노래를 들으며 사귀는 동안 차곡차곡 쌓아놓았던 서로의 목소리를 듣고 또 들으며 추억한다. 그러다가 새로운 사람을 만나거나 새 출발이라도 하게 되면 마치 기억을 지우듯 음성 사서함을 통째로 삭제한다. 삐삐 세대는 그렇게 만나고 헤어졌다.

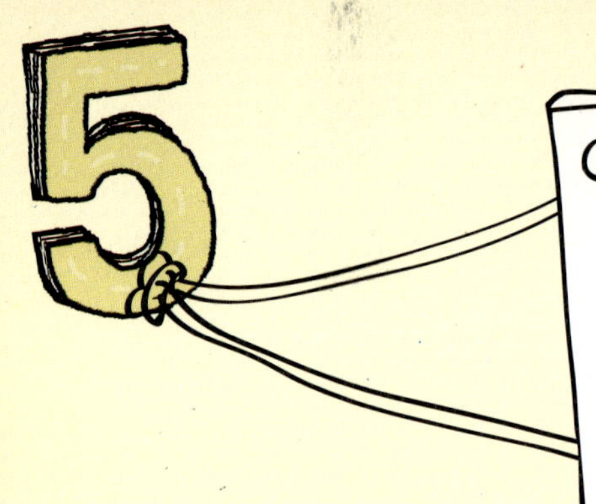

서영이는 학교에서 돌아오다가 동네에서 커다란 짐을 든 채 난처한 표정을 짓고 있는 아줌마를 발견했다. 서영이는 아줌마에게 다가가 물었다.

"무슨 일 있으세요? 제가 도와드릴까요?"

"학생, 우체국이 어디야?"

"우체국이요? 모르는데요?"

서영이를 보자마자 환하게 밝아졌던 아줌마의 표정이 금세 어두워졌다.

"어쩌지? 곧 문을 닫을 텐데, 이걸 빨리 부쳐야 하는데……."

"아줌마, 휴대폰 없으세요?"

"휴대폰? 당연히 있지."

아줌마는 주머니에서 휴대폰을 꺼냈다. 최신 스마트폰이다.

"참 아줌마도, 스마트폰 뒀다 뭐 해요? 이 휴대폰으로 검색하면 되잖아요."

서영이는 아줌마의 휴대폰으로 지도 검색 어플을 눌러서 우체국을 찾았다. 휴대폰 화면에 우체국이 보이는 지도가 떴다. 심지어 지금 아줌마와 서영이가 있는 위치까지 표시된다. 아줌마의 눈이 휘둥그레졌다.

"어이구 이런 방법이 있었구나. 난 왜 여태 몰랐지? 학생 참 똑똑하네."

"아줌마, 요즘에 이런 건 기본이라구요."

"역시 N세대는 달라."

"N세대?"

아줌마는 서영이에게 고맙다고 말하고 휴대폰의 지도를 보며 황급히 달려갔다.

집에 돌아온 서영이는 마침 일찍 퇴근한 아빠에게 물었다.

"아빠 N세대가 뭐예요?"

"N세대? 바로 네가 N세대잖아."

"내가 N세대야? 그런데 난 왜 몰랐지?"

"여태 몰랐어? 그럼 오늘은 아빠가 N세대에 대해서 가르쳐줄까?"

일단, 다양한 세대를 어떻게 구분하는지 설명해줄게.

1990년대에 386세대란 말이 나온 이후 한 세대의 특성을 규정짓는 사회적인 용어로 X세대, N세대 같은 용어가 잇따라 등장했단다. 이러한 세대의 구분은 17~25세 즈음에 활발하게 일어나는 인격 형성기의 경험을 기준으로 삼는다는구나. 민주화를 갈망했던 386세대, 소비와 유행에 민감하다는 X세대, 인터넷과 함께 자란 N세대 등과 같이, 또래가 함께 겪은 청년기의 역사적 문화적 경험은 의식 형성에 결정적 영향을 미치고 나이가 들어서도 쉽게 바뀌지 않는다고 해. 그러므로 같은 세대는 경험과 의식 그리고 행동 양식을 공유하는 집단인 거야.

386세대는 1960년대에 태어나 1980년대에 대학교를 다닌 세대를

일컫는 말이야. 1980년대에 민주화에 대한 열망으로 가득 찼던 이들은 자기 정체성이 강하고 현실에 안주하기보다는 변화를 추구하는 세대로 노무현 정부 출범 이후 정치계에 대거 등장했단다.

X세대라는 말은 미국에서 생겨났지만 우리나라에서 말하는 세대와는 차이가 있단다. 우리나라에서 말하는 X세대는 1990년대에 대학을 다닌 세대로, 경제적 풍요 속에서 무엇이든 얻을 수 있었던 개성파 세대야. X세대는 컴퓨터와 인터넷 사용이 가능한 세대 중 가장 나이가 많다고 할 수 있지. 하지만 너와 같은 N세대처럼 디지털 세대는 아니란다. 아날로그와 디지털의 중간 세대라고나 할까? 그래서 X세대는 N세대에 비해서 디지털 기기에 미숙하기도 하지. 활용도도 한정되어 있고 말이야.

그리고 너와 같은 N세대는 디지털 기술과 함께 성장해서 디지털 기기를 능숙하게 다룰 줄 아는 디지털 문명 세대를 말해. 집, 학교, 공장, 사무실 등 N세대 주위의 모든 공간에는 컴퓨터가 설치되어 있지. 이들은 디지털 시대의 새로운 미디어인 인터넷을 활용해 일방향이 아닌 쌍방향의 의사소통을 한단다. TV보다 컴퓨터를 좋아하고 전화보다 e메일에 더 익숙한 세대지. 단순한 관람자나 청취자가 되기보다 이용자가 되길 원해. 정보를 찾아가고 개성을 주장할 줄 아는 강한 독립심과 자율성, 능동성, 감정 개방, 자유로운 표현과 뚜렷한 관점을 갖고 자기혁신과 개발을 추구하지. 마치 너처럼 말이야.

N세대의 특징을 정리하자면 자유, 개인적 가치를 중요시하고 직장, 학교 등에서 성과보다 재미를 추구하지. 소통과 스피드를 중요시하고 온라인 웹서비스에 매우 익숙하단다.

아하, 그렇게 세대 구분이 되는 거였네요. 그런데 왜 N세대를 세상의 주역이라 하죠? N세대인 네가 그 이유를 반드시 알아야겠지?

N세대의 가장 큰 특징은 갈수록 디지털 문명화되어 가는 시대에 빠르게 적응하는 세대라는 점이잖아. 아빠는 TV 세대라 일방적으로 지식이나 정보를 전달받았기 때문에 생산의 주도권이 없었어. 부모님이나 선생님, 모든 어른들이 시키는 대로만 할 뿐이었지. 반면 컴퓨터를 많이 하며 자란 너희 세대는 쌍방향으로 자신의 의견을 적극적으로 개진하는, 정보의 능동적인 참여자라 할 수 있단다. 그래서 프로슈머란 말이 생겨났지.

이러한 N세대가 중심이 되는 미래사회는 국경도 의미가 없는 자유로운 네트워크 사회가 될 것이라는 전망을 낳고 있어. 너도 페이스북을 통해 만나는 외국 친구들이 많지? 아빠는 너만큼 많은 외국 친구가 없단다. 그래서 사고의 영역이 대한민국 안에 갇혀 있는 것 같아. 물론 뉴스나 신문을 통해 해외 소식을 접하지만 정말 중요한 건 사람의 목소리란다. 내가 접하는 것은 '미

디어'일 뿐이기에 실제의 상황보다 과장될 수도 약화될 수도 있지. 심지어 거짓으로 조작된 사실에 깜빡 속을 수도 있단다. 하지만 그 실제를 경험한 사람들의 목소리는 진실하잖아. 특히 언론이 탄압되고 차단된 독재국가의 현황을 세계는 그 나라의 N세대가 만든 UCC 동영상을 통해 알게 되기도 했지.

또 N세대는 자신이 원하는 정보를 적극적으로 검색한다는 특성도 지니고 있어. 아빠 가 학교 다닐 때는 모르는 게 있으면 선생님이나 선배들에게 물어보곤 했단다. 하지만 너는 궁금한 것을 인터넷으로 검색해서 알아내지? 예전에는 정보가 경쟁력이었는데 이제는 바뀌었지. 너희 세대에서는 선별력이 더 중요해. 워낙 정보가 많으니까 쓸모 있는 것, 쓸모 없는 것을 구분할 줄 알아야 한단다.

N세대의 가장 대표적인 특징을 뽑는다면 놀이문화를 들 수 있지. 예전엔 남학생들은 방과 후 친구들과 몸으로 부대끼며 농구나 축구를 하

며 놀았는데 요즈음엔 PC방에서 함께 온라인 게임을 즐기지? 또 다양
한 사람들과의 접촉이 가능한 온라인 채팅의 열기도 대단하잖아. 아니
면 친구들과 실제로 만나 얘기를 하는 것보다 휴대폰을 이용해서 문자
메시지를 주고받거나 선물을 교환하는 경우가 더 많은 것 같더구나. 특
히 요즈음엔 인터넷을 이용한 무료 문자를 써서 아무리 수다를 많이 떨
어도 상관없지? 휴대폰을 이용해 무료 온라인 게임도 하고 친구들과 점
수를 비교하기도 하고 말이야.

너희 세대는 디지털 문명의 세계에서 많은 가능성을 가지고 있단다.
아빠 세대보다 많은 정보를 빠르게 접할 수 있지, 세상의 다양한 사람
들과 토론할 수도 있지, 좋은 아이디어가 있으면 빨리 퍼뜨릴 수도 있고
공유할 수도 있어. 무엇보다 네가 가진 능력을 세상 사람들에게 쉽게 보
여줄 수 있단다. 예전엔 뛰어난 능력이 있어도 여건이 안 되어서 그것을
세상에 보여주지 못하고 사라진 사람들이 많았단다. 하지만 지금 인터

넷은 자신을 홍보할 수 있는 최고의 수단이
지. 싸이의 〈강남스타일〉이 전 세계적으로
유명해질 수 있었던 것도 바로 인터넷을 통
해서니까 말이야.

**내가 N세대라는 게 큰 혜택을 받은 것 같아
요. 국내에서 이런 N세대는 어떻게 등장했
어요?**

넌 이미 N세대의 문화 속에 살고 있으니까,
N세대로 전환할 때의 국내 분위기를 모르
겠구나. 아빠 기억으로는 정말 사회가 떠들
썩할 정도로 문화와 시장의 새로운 전환점
이 되었단다.

마침 1999년엔 N세대를 타깃으로 한 이
동통신 마케팅이 한창이었는데 새로운 세
기를 맞이하는 세기말이어서 사람들에게
그 의미가 더 깊게 다가왔지. 특히 소녀의
모호하고 불안한 이미지를 통해 정체성을
판단할 수 없는 20대를 대변한 SK텔레콤의
TTL 광고는 무척 인기가 있었단다.

유난히 눈에 띄는 모노톤에 배경음악도
없고 사운드 효과로만 이루어진, 극도의 절
제미와 강렬한 이미지의 신비한 이 광고는
이동통신 서비스임을 밝히지 않은 채 마지

프로슈머란?

미래학자들이 예견한 기업의 생
산자(producer)와소비자(con-
sumer)를 합성한 말이다.
소비자가 소비는 물론 제품 개
발, 유통 과정에까지 직접 참여
하는 '생산적 소비자'로 거듭남
을 뜻한다. 기업들이 예전에는
신제품을 개발할 때 일방적으로
기획 · 생산하여 소비자 욕구를
파악했지만 최근에는 고객 만족
을 강조하고 있다. 프로슈머 마
케팅 개념은 이 단계를 뛰어넘
어 소비자가 직접 상품의 개발
을 요구하며 아이디어를 제안하
고 기업이 이를 수용해 신제품
을 개발하는 것으로 고객 만족
을 최대화시키는 전략이다. 아
날로그 시대의 프로슈머는 제품
평가를 통해 생산 과정에 의견
을 반영하거나 타깃 마케팅의
대상이 되는 등 간접적인 영향
력을 행사하는 데 그쳤다. 반면
에 디지털 시대 프로슈머는 보
다 직접적이고 때로는 과격한
방법으로 자신의 의견을 반영한
다. 인터넷을 통해 활발하게 의
견을 개진하고 불매운동이나 사
이버 시위도 서슴지 않는다.

– 〈매일경제〉

N세대가 위험하다고요?

N세대는 개성이 강한 것처럼 보이지만 실제로는 유행에 민감하게 반응하는 몰개성의 세대라거나 이웃과 공동체에 무관심하며 사회적인 책임감이 없을 뿐 아니라 버릇없다는 비난을 받기도 한다. 사실 N세대가 열광하는 것은 채팅과 게임, 유명 연예인의 팬클럽 정도다. 그렇기 때문에 사회나 환경 등에 관한 진지한 토론 공간에서 N세대의 적극적이고 능동적인 모습을 찾아보기란 그리 쉽지 않다. N세대 역시 기업의 마케팅 전략에 의한 상업적인 부추김에 영향을 받는다는 지적도 귀담아 들을 필요가 있다. 새로운 세대에게 N세대라는 자의식을 불어넣고, 그들을 영향력 있는 사회적 존재로 만든 것은 단지 기업의 마케팅과 광고였을 뿐이며, N세대란 다른 세대들처럼 소비자로서의 능력이 없어지면 사라져버릴지도 모르는 존재라는 의견도 있다.

– 정성호, 《20대의 정체성》, 2006, 살림지식총서

막에 TTL이라는 로고를 보여주며 "처음 만나는 자유"라는 카피로 마무리했지. 사람들은 TTL이라는 브랜드가 패션이나 향수라고 착각하기도 했단다. SK텔레콤은 TTL을 통해 20대만이 공유할 수 있는 멤버십과 혜택을 제공하며 N세대의 인기를 끌었지.

한편 경쟁사인 한국통신프리텔(현 KT)의 016은 앞에 N자를 붙여 n016으로 통신서비스 상품명을 변경하고 음성이메일 서비스를 대대적으로 광고하며 "목소리로 보내는 러브레터"라는 카피를 즐겨 사용했단다. 이 광고 역시 인기를 끌어 CF 속의 연인이 했던 말 "잘 자, 내꿈꿔"란 말과 소품으로 등장했던 은색 반짝이 곰인형이 N세대 사이에서 유행했단다.

비단 이동통신뿐만 아니라 N세대를 중심으로 한 인터넷 서비스가 확산됐지. 온라인 채팅, 게임, 동호회, 쇼핑몰 등이 생겨나면서 젊은이들이 온라인 가상공간에서 활동하는 시간이 크게 늘어났단다. 대표적으로 오래전의 지인들을 인터넷으로 다시 찾는 연결 사이트들이 많이 생겨나 동창생 모임이 사회적으로 유행했단다.

요즈음 대중교통을 이용하면 사람들이

모두 자신의 휴대폰으로 각자 뭔가 하고 있는 모습을 쉽게 볼 수 있지? 하지만 그때는 그런 모습이 무척 생소했단다. 심지어 신문에는 '엄지족이 늘고 있다!'라는 제목으로 그들을 "휴대폰 액정화면에 빨려들듯 얼굴을 들이대고 버튼을 쉴 새 없이 눌러대는 젊은이"라고 묘사했지.

　이동통신과 인터넷 기술의 발전으로 인한 N세대의 등장은 막을 수 없는 자연스러운 현상이었지만 사회 각층에선 N세대를 걱정과 불안의 시선으로 보는 경우도 있었단다. 직장이나 학교를 제외하면 대부분의 시간을 컴퓨터나 휴대폰 앞에서 혼자 보내는 N세대들의 '공동체 문화'를 낯설어하고 있기 때문이야. 하지만 아빠는 그것이 디지털 문명에 익숙하지 않은 기성 세대들의 괜한 걱정이라고 본다. 아빠는 부모가 아이들을 컴퓨터에서 강제로 떼어놓으려 하기보다 디지털 문명을 바르게 사용하는 법을 가르치면 된다고 생각해. 게임 중독에 빠진 아이를 바로잡는 건 게임을 못 하게 하는 것이 아니라, 아이와 많은 시간을 함께 보내며 소통하는 거 아니겠니? 마치 아빠와 너처럼 말이야.

맞아요, 아빠! 표현이 자유로운 만큼 스타도 많이 생겨나는 것 같아요. 대표적인 N세대 스타는 누가 있나요?

"스타는 하루아침에 만들어진다."

너도 이런 말 많이 들어봤지? 사실 아빠 세대에는 이런 말이 통용되지 않았단다. 스타가 되기 위해 부단히 노력하지 않으면 안 되었지. 심지어 실력이 있어도 평생 빛을 못 보고 사라진 사람도 많았단다. 화가 고흐처럼 말이야. 고흐는 지금 세계적으로 유명한 화가지만 살아 있는 동안 그는 무명 화가였단다. 그만큼 예전에는 자신을 알리는 것이 쉽지 않았지.

하지만 N세대는 상황이 많이 달라졌단다. 사실 저 말은 미국의 팝아트 거장 '앤디 워홀(Andy Warhol)'이 했어. 그는 N세대 이전의 인물이었지만 매스미디어의 역할을 잘 알고 있었고 그의 작품은 자본주의 시장에 걸맞게 대량 생산되었단다. N세대를 대변할 만한 그의 명언이 또 있단다.

"당신은 TV를 시청할 때 코카콜라 광고를 볼 수 있다. 코카콜라는 대통령도 마시고 당신도 마실 수 있다. 돈이 아주 많다 해도 길모퉁이에서 부랑자가 먹고 있는 코카콜라보다 더 맛있는 코카콜라를 살 수 없다. 모든 코카콜라는 똑같다."

이 말은 상품의 균일함과 소비자의 평등성을 강조하고 있단다. 즉 N세대는 신분과 계급을 초월해서 동일 상품을 소비하는 세대라는 것이지. 그래서 대중문화와 직결되고 매스미디어의 장점을 쉽게 이용할 수 있어. 사람이 유명해지기 위해서는 대중에게 알려지는 과정을 거쳐야 한다는 건 너도 알지? 예전에는 신문이나 TV, 라디오가 아니면 알려지는 것이 힘들었고 그것도 쉬운 게 아니었단다. 한정된 매체의 한계성 때문이었지. 하지만 N세대는 인터넷을 통해 전 세계 어디로든 자신을 보여줄 수 있으니 정말 하루아침에 스타가 되는 것은 그리 어려운 일이 아니겠지?

대한민국 최초의 N세대 스타는 앞에서 말한 TTL 광고 모델 임은경 양이라 할 수 있겠구나. TTL광고는 N세대라는 개념이 대중에게 확산된 최초의 신호탄이었으니까. 하지만 그녀처럼 TV 매체가 아니더라도 유명해진 N세대 스타가 있단다.

대표적인 사람을 꼽자면 고등학교 시절 인터넷 소설로 유명해진 '귀여니'와 스타크래프트(StarCraft) 게임 챔피언 '임요한'이 있겠구나.

인터넷 소설은 PC통신과 인터넷이 생활화되면서 나타난 새로운 소설 양식이야. 예전의 소설은 전문성을 가진 작가들이 썼던 반면 인터넷 소설은 누구나 쓸 수 있지. 우리나라에서는 1990년대 중반부터 나타나기 시작해서 2000년 이후 폭발적으로 증가했단다. 물론 유명한 인터넷 작가도 많지만 가장 큰 화제가 되었던 '귀여니' 얘기를 해줄게.

인터넷 소설의 존재를 최초로 대중에게

귀여니 현상

2001년 귀여니의 인터넷 장편 소설이 불러일으킨 선풍적 인기와 그에 따른 찬반 논쟁을 아우르는 말이다. 2003년 4월 30일자 《문화일보》에 따르면, 귀여니 현상에 대해 인터뷰한 기사가 실린 후 수많은 항의성 메일이 담당 기자에게 전달되었다고 한다. 귀여니 현상은 바로 이러한 대중적 관심을 다른 매체도 아닌 '소설'을 통해 이끌어냈다는 데서 의의를 찾을 수 있다. 다양한 미디어의 발달로 좀처럼 소설을 읽지 않는 상황 속에서 수백만 명이 10대가 쓴 인터넷 소설을 읽었다는 것은 N세대의 저력을 보여주는 충분한 사건이었다.

《그놈은 멋있었다》 표지

전 세계 N세대들의 놀이터 스타크래프트

1998년 미국의 벤처 기업인 블리자드는 사실적 입체감, 자연스런 움직임이 돋보이는 캐릭터들과 다양한 게임 기술을 보유하고 있는 다른 게임 회사들에 대항하기 위해 실시간 모의(시뮬레이션) 전략 게임을 내놓았는데, 이것이 스타크래프트의 시초이다.

세 종족, 즉 테란 · **프로토스** · 저그를 등장시켜 각기 다른 특성을 가진 종족 가운데 한 종족을 선택해 우주의 지배권을 놓고 싸움을 벌이는 게임으로 네트워크를 통해 다른 게이머와 대전을 벌이거나 편을 짤 수 있다는 것이 큰 특징이다. 발매된 지 얼마 지나지 않아 전 세계 온라인 게임 시장을 석권하였고 한국에도 발매 시점과 거의 같은 시기에 들어와 삽시간에 인기를 독차지하면서 전국 PC방의 폭발적 증가를 주도하였다. 프로게임리그 출범과 e-sports의 시초가 되기도 했다.

알린 귀여니(본명 이윤세)는 당시 18세인 2001년에 《그놈은 멋있었다》라는 소설을 인터넷 포털 사이트를 통해 발표했어. 무려 800만 회의 조회 수를 기록하며 선풍적인 인기를 끌었고 이어 책으로도 발간되어 50만 부나 팔려 나갔다고 하는구나. 심지어 중국에서도 번역 소개되어 60만 부를 돌파했다고 하니 세계적인 작가가 되었다 해도 과언이 아니겠지?

귀여니는 N세대 작가답게 작품 속에서 이모티콘과 비속어를 과감히 사용하고 해체된 문자를 통해 인물의 심리를 묘사하는 등 기존 소설의 형식을 파괴하는 맹랑함을 보여주었단다. 물론 기성세대들은 너무 유치하고 경박하다고 비난했지만 N세대들의 전폭적인 지지를 얻어 《늑대의 유혹》, 《내 남자 친구에게》, 《도레미파솔라시도》, 《아웃사이더》 등의 작품을 연이어 발표했고 이 중 일부는 TV 드라마로 만들어졌단다. 정말 대단한 10대지?

또 요즈음 N세대들의 장래희망 중 연예인 다음으로 많이 차지하는 프로게이머도 N세대 이후에 등장한 직업이지. 프로게이머는 프로 운동선수처럼 온라인 게임의 선수 활동을 전문 직업으로 삼는 사람인 건 너도 알고 있지? 국내에서는 1998년 인터넷 시뮬레이션 게임 스타크래프트가 큰 인기를 얻으면서 스타크래프트 게이머들이 프로게이머 1세대로 자리 잡게 되었단다.

게이머들의 활동 형태는 개인에서 단체로 변화했는데, 처음에는 개인으로 활동하던 게이머들이 '길드'라는 동호회를 구성했고, 길드와 계약을 맺은 기업을 매개로 프로게임단이 결성되었어. 국내 최초의 프로게임단은 하나로통신 게임단으로, 게이머들과 직접 연봉 계약을 체결하여 게임단을 운영했지. 케이블 TV의 프로게임단 프로게임 리그 방송을 계기로 프로게이머에 대한 인지도가 높아지면서 프로게임단들이 속속 생겨났단다.

현재 국내에는 모두 11개의 프로게임단이 있단다. 그중 가장 유명한 프로게이머로는 너도 잘 아는 임요환 선수가 있지. 임요환 선수는 2억 원 이상의 연봉을 받으며 프로게이머들의 선망과 동경의 대상이 되고 있다는구나. 프로게이머들은 군 생활에서도 특기자로 인식되어 공군에서는 전산특기병으로 모집하여 일선에 배치하기도 하니, 남학생들의 프로게이머에 대한 열망을 너도 이해하겠지?

스타크래프트 화면

 인간을 넘보는 사이버 스타가 있었다고?

1998년 1월 아담소프트에서 개발한 아담은 현실 속에서는 존재하지 않는 사이버 스타였다. 하지만 실제 인간처럼 탄생에 얽힌 비화까지 있었다.

'인간을 사랑하지 말라'는 네트워크 세계의 절대 금기를 어긴 죄로 사이버 세계에서 소멸될 뻔한 아담은 가까스로 인간이 사는 현실 세계로 탈출해 왔다는 것이다. 그는 현실 세계로 오자마자 록발라드풍의 데뷔곡 〈세상엔 없는 사랑〉 등 11곡이 담긴 음반을 내놓았다. 또한 음료회사의 광고 모델로도 활동하고 현실 세계에서 느낀 감정들을 글로 담아 에세이도 출판했다.

같은 해 3월 현대인포메이션이 내놓은 사이버 가수 2호이자 최초의 사이버 여가수 류시아 역시 앨범을 선보이며 정식 데뷔를 하였다. 본업은 가수지만 한 국내 의류업체와 전속 광고모델 계약을 맺었다. 시집《지상으로의 잠적》을 출판하기도 했다.

당시 사이버 인물들은 네티즌 사이에서 폭발적인 관심을 끌었다. 아담은 누적 조회 수가 24만 5,000여 회에 근접하였고, 류시아의 웹사이트도 조회 수가 8만 회를 넘었다. 검색 사이트나 성인용 사이트가 아닌 일반 사이트에서는 기대하기 힘든 수치였다. 또한 아담은 하루 200여 통, 류시아는 130여 통씩 인터넷 팬레터를 받고 있다고 제작사 쪽은 밝혔다.

1990년대 말 당시엔 성형 기술이 발달되지 않아 대중들의 욕구를 채워줄 만한 미남 미녀 연예인이 그리 흔하지 않았다. 대신 사이버 공간에서는 모든 것이 가능했다. 아담은 훤칠한 키에 서구형 미남으로 세련되고 완벽해 보였다. 또 허스키하면서 애수에 찬 목소리로 노래도 잘 불렀다.

류시아는 날씬한 몸매에 뭇 남성들의 마음을 설레게 할 만큼 청순가련형의 외모를 가졌다. 그들은 홈페이지를 통해 말을 걸면 대답까지 해주었다. 당시 젊은이들은 자신의 고민을 털어놓기까지 했다고 한다.

사실 이들은 음반시장을 겨냥한 어느 제작사의 상업적 전략에서 나온 것이었다. 제작사는 얼굴 없는 가수에게 사이버 스타를 대신해서 노래를 부르게 하고 사이버 스타의 이미지를 팔았다. 사이버 스타는 실존하는 인물이 아니기에 대중의 욕망을 대변하는 허상이고 진짜 실존은 그들을 만든 제작사임에도 당시 대중들은 사이버 스타에 감정 이입을 하고 그들에게 팬레터를 보내고 답장을 받으며 기뻐했다.

그러나 이런 현상은 오래가지 않았다. 당시 인기를 끌었던 가수 SES, 핑클, 조성모, 이소라, HOT 등 실재하는 인간 스타에게 관심이 집중되면서 아담과 류시아는 어느새 대중의 관심에서 사라지게 되었다. 아무리 완벽한 사이버 스타라도 그 실체가 0과 1로 된 디지털 신호뿐이라는 사실을 디지털 기기에 익숙한 한국의 N세대들은 너무나 잘 알고 있었던 것이다. 아담의 인기를 뛰어넘은 아이돌 가수 중엔 GOD도 있었는데 우연치곤 참 재미있는 일화로 기억되고 있다.

—《한겨레21》 1998년 5월 21일자

휴대폰이 진화하고 있다

서영이는 인터넷으로 신문기사를 보다가 "삼성과 애플의 전쟁"이라는 기사 제목을 보고 놀랐다. 전쟁? 서영이는 다급하게 기사를 클릭했다. 기사 전문은 삼성과 애플이 계속 특허 소송 중이며 이번에는 두 회사의 신제품도 서로의 소송 대상에 추가되었다는 내용이었다. 왜 어른들은 선의의 경쟁을 하지 않고 전쟁을 하는 걸까? 궁금한 것을 못 참는 서영이는 아빠에게 달려갔다.

"아빠, 아빠! 왜 삼성과 애플의 특허 소송이 끊이지 않죠?"

"음, 놀라운데? 우리 딸이 그런 사실까지 알다니 말이야."

"요 몇 달간 인터넷 기사를 볼 때마다 계속 특허 분쟁 기사가 나오더라구요. 내가 알기론 작년 8월에 삼성이 애플의 특허를 침해한 것으로 평결이 나 엄청난 액수의 벌금을 물게 되었다고 들었는데, 아직 안 끝난 건가요?"

"맞아, 그랬지. 애플은 삼성 제품이 디자인 측면에서 자사의 제품을 도용했다고 소송을 냈고 승소를 했지. 하지만 그건 1심의 판결이었단다. 하지만 삼성은 즉시 재심을 신청했지. 그래서 미국 ITC(International Trade Commission,

국제무역위원회)는 당초 삼성에 불리하게 나왔던 예비 판정의 재심의를 결정했어. 결과는 좀 더 두고 봐야 알겠지? 또 반대로 삼성은 애플이 자사의 통신 기술을 도용했다고 소송을 냈지. 이것도 아직 재판이 끝나지 않았단다."

"그럼 어쩌죠? 이러다가 지기라도 하면 삼성이 세계 시장에서 손해를 보는 것 아닌가요?"

"물론 그렇겠지만, 아직 섣불리 판단하기는 이르단다. 이런 특허 소송은 미국뿐만 아니라 호주, 영국, 네덜란드 등 전 세계 9개국으로 범위가 확대됐고, 각국에서 치열한 특허 전쟁을 벌이고 있어. 사실 애플은 핀란드의 노키아라는 회사와의 특허 소송에서 패소한 적도 있지. 또 애플은 대만의 HTC사와의 특허 소송에서 2년 8개월 만에 겨우 합의를 했단다. 이번에도 삼성과 애플이 합의로 소송을 마무리할 수도 있다는 전문가들의 의견이 있어."

"정말 사이좋게 그랬으면 좋겠는데 난 도저히 이해가 안 돼요. 어차피 화해할 싸움을 왜 하고 있는 거죠?"

"우리 서영이 많이 발전했는걸? 그런 심오한 질문도 하고 말이야. 사실 네가 궁금해하는 바로 그 점이 세계 이동통신 시장의 쟁점으로 떠오르고 있어. 휴대폰 기술은 전 세계의 모든 기술이 서로 얽혀 있기 때문이야. 그 사항을 알려면 먼저 '휴대폰 진화론'에 대해 알아야 하는데……."

"휴대폰이 진화해요? 인간이 원숭이부터 호모사피엔스까지 진화한 것처럼 말예요?"

"그래. 아이폰의 세계 시장 석권과 아이폰을 따라잡는 국내 휴대폰, 삼성과 LG의 휴대폰 전쟁 등의 이야기는 대하드라마처럼 흥미진진하단다. 한번 들어볼래?"

휴대폰 진화론이라니, 너무 흥미로워요. 그럼 우리나라 휴대폰은 어떻게 발달했나요?

통신 기술을 논하자면 다시 CDMA 얘기를 안 할 수가 없구나. 우리나라에서는 CDMA 기술을 표준으로 채택한 이후 삼성, LG 등의 주요 기업이 이동통신 단말기 기술의 세계적인 선두주자로 성장했단다. 1990년대 전반까지 국내에서 사용되던 이동통신 시스템 장비 시장은 미국 업체에 의존했으며 단말기도 모토로라가 시장을 장악했었어. CDMA 방식의 국산 시스템 및 단말기 개발이 이뤄지면서 국내 장비와 국산 단말기가 시장을 장악했지. 그 이후 국내 이동통신업체들이 시장을 90%나 확보하게 되었단다. 이전까지만 해도 이동통신 기기는 모토로라가 최고라 생각했던 대중들의 인식이 완전히 뒤바뀌게 된 거지.

특히 2000년 이후 국내 휴대폰 시장의 역사는 삼성과 LG 간의 전쟁사라 해도 과언이 아닐 정도로 두 회사 간의 경쟁이 치열했단다.

그럼 휴대폰이 어떻게 발전했는지 그림으로 살펴볼까?

1995년 언제, 어디서나

1990년대 중반 즈음 휴대폰이 나왔을 때 모두가 주목한 건 '고감도의 통화 품질'이었어. 전화기 본연의 임무를 강조했지. 행여 깊은 산속에 있더라도 송수신이 안 되면 휴대폰으로서는 아무 의미가 없으니까. 대신 디자인 측면에서는 미숙했단다. 마치  무전기같이 크고 둔탁하게 생겼었지. 이때 전화기는 통화 기능 외 전화번호 저장과 문자메시지 기능 말고는 특별한 기능이 없었단다.

1996년 UI의 발달

휴대폰의 UI(User Interface, 사용자 인터페이스)가 점점 발달했어. UI란 사용자가 프로그램과 의사소통을 하면서 쉽고 편리하게 사용할 수 있도록 하는 기능이란다. '따르르릉~'으로 유일했던 휴대폰 벨소리가 다양해졌고, 기존의 문자로 된 메뉴에 아이콘 기능이 추가되었단다. 또 착신을 알리는 램프 신호 기능도 개발되었지.

1997년 초소형, 초경량

휴대폰이 너무 크고 무거우니까 사람들이 불편했겠지? 그래서 휴대폰 회사들은 초소형, 초경량화 측면에서 경쟁을 벌였단다. A사가 작고 가벼운 제품을 생산하면 B사는 더 작고 더 가벼운 제품을 개발해야 했지. 그 경쟁 과정에서 휴대폰의 소형화·경량화 기술이 발달했단다.

1997년 음성 다이얼 인식

'우리집' 하면 집 전화로 전화를 하고, '아빠!' 하고 말하면 아빠에게 전화가 걸리는 음성인식 휴대폰이 개발되었단다. 번호를 저장할 때 음성녹음을 미리 하여 녹음된 음성을 통해 전화를 걸게 하는 기능이지. 당시에는 이런 기능이 SF영화에서만 볼 수 있었던 거라 엄청난 관심을 끌었단다.

1998년 전자계산기

요즈음은 모든 전화기에 계산기 기능이 있지
만, 당시에는 전화기로 계산하는 기능이 없었
단다. 그래서 전자계산 기능 휴대폰을 처음 개
발한 국내 회사는 "국내 유일의 전자계산기 기
능"이라며 대대적으로 광고를 했단다.

1998년 통화는 기본, 데이터 통신까지

요즈음엔 휴대폰으로 인터넷을 하는 것이
당연하지만, 당시 데이터 통신 기술이 나왔
을 때는 모두 놀랐단다. 대신 지금처럼 휴대
폰으로 직접 인터넷을 할 수 있는 것이 아니라 노트북과 연결해서 노트
북으로 인터넷을 할 수 있었던 거지. 하지만 데이터 통신 요금이 워낙
비싸서 업무용으로만 주로 활용했단다.

1999년 자동응답 기능

전화를 받을 수 없을 때 전화
를 받을 수 없다고 안내해주는
자동응답 기능이 나왔단다. 이
기능이 나오기 전에는 전화하
는 사람은 상대가 전화받을 때까
지 애타게 기다려야 했고, 전화
를 못 받는 사람은 주변의 눈치

를 보며 휴대폰이 계속 울리는 것을 방치해야만 했지.

1999년 폴더형 디자인

휴대폰의 소형화 기술이 한계에 부딪혔을 때 드디어 접을 수 있는 휴대폰이 나왔지. 폴더형이 나오기 전까지 휴대폰은 바지에 집어넣으면 안테나와 머리 부분이 튀어나오곤 했어. 행여 의자에 앉기라도 하면 바닥으로 떨어지기도 했는데 폴더형이 나오면서 분실 사고가 줄어들었단다.

1999년 적외선 무선통신

요즈음엔 블루투스 기능을 이용하여 내 전화기에 있는 다양한 자료를 다른 사람에게 넘겨줄 수 있지? 그와 비슷한 적외선 무선통신 기능이 나왔단다. 요즈음엔 전송 속도가 100Mbps 정도 되어서 동영상이나 사진이 전송되지만 당시에는 사진도 볼 수 없는 작은 글자 창이어서 전송 속도가 64Kbps 정도밖에 안 되었지.

2000년 대용량 배터리

대용량 배터리가 개발되면서 통화 대기 시간이 일주일도 가능해졌어. 요즈음엔 하루도 못 가는데 어떻게 그게 가능하냐고? 지금 스마트폰은 액정 화면이 크고 컬러에다 발열 시간도 많지만 당시 휴대폰은 전화번호만 뜨는 작은 흑백창이어서 가능했지.

2000년 듀얼폴더 디자인

듀얼폴더란 폴더폰을 접어도 바깥쪽에 조
그만 액정창이 있는 거란다. 평소엔 시간이 나
오고 전화나 문자가 오면 신호가 뜨지. 폴더를
열지 않아도 누구한테 연락이 왔나 확인할 수
있어서 편리하게 사용되었단다.

2000년 손 안의 인터넷

드디어 인터넷을 할 수 있는 PDA폰이 나오게 되
지. 이때부터 컴퓨터를 이용하지 않아도 언제 어디서
든 이메일을 확인할 수 있게 되었어. 하지만 가격이
비싸고, 손가락으로 휴대폰을 터치하는 것이 아니라
휴대폰에 부착된 전자펜을 이용해야 했고, 액정이 여전히 흑백이고 이
미지 없이 글자만 볼 수 있어 많은 사람들이 사용하지는 않았단다.

2000년 MP3까지 듣는 휴대폰

휴대폰으로 음악을 듣는다고? 이전
에는 상상할 수 없었단다. MP3를 들을
수 있는 기능이 생기면서 휴대폰의 멀
티미디어 시대가 열렸다고 할 수 있지.

SD칩 메모리칩의 일종. 일상에서 사용하는
메모리 중 가장 작아 휴대폰에 이용된다.

리모컨이 달린 휴대폰과 SD칩의 외장 메모
리를 삽입하여 많은 곡을 저장할 수 있는
휴대폰이 개발되었단다. 또 휴대폰 외관에
플레이 버튼 기능이나 죠그셔틀 기능이 탑재되면서 MP3플레이어와 차이가 없는 휴대폰으로 발전했지.

2000년 8줄의 러브레터

이전의 액정은 최대 4줄밖에 문자를 볼 수 없었단다. 그래서 방향 버튼을 눌러 글자를 위로 올려야만 다음 줄을 볼 수 있었지. 액정이 세로로 확장되면서 최대 8줄까지 한눈에 볼 수 있는 휴대폰이 나왔단다. 흑백에 글자만 볼 수 있는 액정이었지만 지금의 스마트폰처럼 대형 화면의 시대가 시작되었다고 할 수 있지.

2001년 컬러의 시대

휴대폰 세상에 본격적인 컬러의 시대가 시작되었단다. 처음엔 256컬러로 시작했지만 UI가 더 화려해졌고 휴대폰 테마가 생겨나기 시작했지. 사람들은 이제 사진이나 그림을 폰바탕에 꾸미기 시작했단다. 휴대폰이 컬러를 구현함으로써 휴대폰 화면으로 자기의 개성을 표현하게 되었고 조만간 등장할 카메라 기능의 밑바탕이 되었단다.

2002년 화음의 시대

벨소리의 진화도 진행되고 있었단다. 처음엔 단음 벨소리에서 4화음으로, 그리고 16화음으로 발전하면서 휴대폰 바깥쪽에 커다란 스피커가 달리기도 했단다. 16화음 이후 40화음, 64화음으로 발전했지. 화음이 늘어나면서 벨소리도 발전하여 아름다운 음악을 벨소리로 전환할 수 있게 되었어.

2002년 카메라로 사진을 찍는다고?

현재는 휴대폰에 내장된 카메라가 일반 디지털 카메라와 비슷한 800만 화소까지 발전했지만 당시엔 11만 화소 내장 카메라가 등장하면서 '고성능 카메라 내장'이라고 광고했단다. 카메라 기능이 가능해지면서 휴대폰을 이용하여 일명 '몰카 사진'을 찍는 사람도 늘어나게 되었지. 그래서 모든 휴대폰에는 의무적으로 사진 찍을 때 '찰칵' 소리가 나도록 법으로 규제했단다.

휴대폰의 카메라는 갈수록 화소가 확장되면서 회사마다 화소 경쟁이 붙게 되었지. 또 연달아 찍는 연사 기능까지 나오게 되었단다. 후면에 고정되어 있던 카메라 렌즈가 360° 돌아가게끔 발전하면서 자유로운 각도로 촬영할 수 있게 되기도 했고 광학줌 기능을 이용하여 클로즈업 사진도 가능하게 되었지.

2002년 폴더가 자유로워지다

기존의 접히는 폴더는 잘못하면 폴더가 뒤로 꺾여 휴대폰이 반토막 나는 단점이 있었단다. 휴대폰 회사들은 이 단점을 보완하기 위해 폴더에 자유를 주며 치열한 경쟁을 했지. 상하

슬라이드 형태, 360° 돌아가는 형태, 옆으로 슬라이드 형태, 세로 폴더가 가로로 전환되는 형태 등 나양한 폴더가 등장했단다.

2003년 카메라로 영화를 찍는다고?

휴대폰은 이제 사진 찍는 기능을 넘어 동
영상 촬영 기능까지 갖추게 되었단다. 휴대
폰 회사들은 촬영 지속 시간을 늘리는 것으
로 경쟁했지. 촬영 가능 시간이 외장 메모
리를 이용하여 60분에서 130분, 180분, 이후 4시간까지도 가능해졌어.

2003년 동영상으로 메일을 보낸다

동영상 기능이 생기면서 동영상 메일 전송도
가능하게 되었단다. 이제 휴대폰의 완전한 멀티
미디어 시대가 찾아왔지만 실상 비싼 전송 요
금 때문에 동영상 메일을 사용하는 사람은 그
리 많지 않았단다.

2009년 이후 휴대폰의 혁명, 스마트폰

휴대폰의 발전사는 점점 멀티
미디어 시대로 접어들어 이제 기
술은 휴대폰+컴퓨터+인터넷이
결합된 스마트폰으로 발전하게
된단다. 스마트폰을 우리말로 직
역하면 '똑똑한 전화기'라 할 수
있지? 이제 누구나 스마트폰만
있으면 걸어다니면서 인터넷을
검색하거나 메일을 송수신하고

사진과 동영상을 촬영, 편집까지 할 수 있으며 인터넷을 이용해 빠르고 간편하게 전송할 수도 있지. 심지어 인터넷이 가능한 지역에서는 요금 부담 없이 영상통화도 할 수 있으니 놀랍지 않니? 생각해보니 옛날 첩 보영화에 나오는 요원들은 다양한 장비를 가지고 다녔지만 요즘 첩보 영화에서는 스마트폰 하나만 달랑 가지고 다니는구나!

휴대폰이 그렇게 수많은 과정을 거쳐 지금 내가 쓰는 스마트폰이 되었다 니 정말 놀라워요. 그럼 휴대폰으로 어디까지 구현할 수 있을까요? 너는 스마트폰으로 무엇을 하니?

통화는 기본이고 친구에게 무료 문자를 보내고, 지도를 보며 길도 찾 아가고, 버스 노선이나 지하철 노선을 검색하고, 음악도 다운받으며, 가 수 동영상도 찾아보겠지? 가끔 엄마랑 영상통화를 하고, 이메일도 보 내고 말이야.

지금 네가 사용하는 기능은 아주 기본적인 기능이라 할 수 있지. 난 네가 다양한 기능을 연구해서 스마트폰을 좀 더 적극적으로 활용했으 면 좋겠구나. 스마트폰의 기능은 무한하단다. 마치 너의 꿈과 능력이 무한한 것처럼. 물론 지금까지 아빠가 말한 휴대폰의 발전도 10여 년 에 걸쳐 이루어진 것이긴 해. 하지만 스마트폰부터 새로운 시대가 열렸 단다. 스마트폰의 무한한 기능을 이해하려면 우선 플랫폼에 대해 알아 야 할 거야.

일반적으로 우리는 기차역이나 버스정류장을 플랫폼이라 부르지? 다 양한 노선의 교통수단이 한곳에 모이고 다양한 사람들이 모여 자신의 목적지를 가기 위한 교통수단 및 노선을 선택하지. 플랫폼은 일종의 '집 결지'이자 '중심지'라 할 수 있지. 이동통신 기기나 컴퓨터에도 플랫폼이 있단다. 컴퓨터 시스템의 기본이 되는 특정 프로세서 모뎀과 하나의 컴퓨터 시스템을 바탕으로 하는 운영체제를 말해.

예를 들어 네 컴퓨터를 켜면 Window 화면이 뜨지? Window에는 어떤 프로그램을 깔 수 있니? 그래 아빠가 바보 같은 질문을 했구나. 셀 수 없을 만큼 다양한 프로그램을 실행시킬 수 있지. MS-Windows 상에서 동작하는 응용 소프트웨어에서는 MS-Windows가 플랫폼이고 애플의 컴퓨터는 자체적인 플랫폼인 Tiger와 Lion을 사용해. 간단히 말하면 플랫폼이란 소프트웨어를 제공하는 '환경'이란다.

아빠가 지난번에 우리나라가 2세대 휴대폰부터 CDMA를 차용하여 이동통신 기기의 세계적인 선진화에 앞장섰다고 말했었지? 그때부터 국내의 많은 이동기기 회사가 치열한 경쟁을 벌였단다. 그런데 각 회사마다 제품에서 사용하는 플랫폼이 달라 많은 문제가 발생했단다. 예를 들어 같은 휴대폰 게임이라도 각각의 플랫폼에 맞게 다르게 개발해야 했으니 얼마나 소모적이니? 그래서 정부는 2005년부터 위피(WIPI)라는 단일 표준 플랫폼의 탑재를 의무화했단다.

위피는 기회비용을 줄이는 데 한몫을 했고 해외 단말기로부터 국내 시장을 지키기도 했지만, 그만큼 위피를 사용하지 않는 해외시장으로 수출하는 데 장벽으로 작용하게 되었지. 그래서 결국 2009년 4월 1일부터 위피의 의무 탑재제가 폐지되었단다.

위피(WIPI)를 탑재한 휴대폰

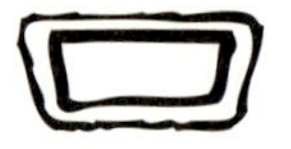

위피가 없다면 지금 우리는 어떤 플랫폼을 사용하고 있는 거예요?

마침 그 시기에 컴퓨터와 MP3플레이어만 만들던 애플에서 자체적인 플랫폼을 이용하여 아이폰을 만들게 되었어. 아이폰 플랫폼의 특징은 회사에서 제공하는 일부 콘텐츠뿐만이 아니라 소비자가 직접 다양한 콘텐츠를 제작해 플랫폼 안에 집어넣을 수 있다는 거야. 너도 잘 아는 '애플리케이션' 말야. 이 혁명적인 플랫폼 덕분에 아이폰은 2009년 11월 국내에 출시된 이후로 선풍적인 인기를 끌었고 2011년 1월을 기점으로 전 세계에 1억 대가 팔려나갔단다. 이 현상을 '아이폰 쇼크'라고 한다는구나. 하지만 아이폰의 IOS라 불리는 플랫폼은 마치 우리의 위피처럼 폐쇄적인 구조지. 오직 아이폰을 위한 애플리케이션만 사용할 수 있게 되어 있단다.

그래서 국내 휴대폰 업체는 차세대 휴대폰을 찾던 중 미국 구글사에서 만든 안드로이드나 마이크로 소프트의 윈도 플랫폼을 사용하게 되었단다. 두 회사의 플래폼은 개방형이라 아이폰과 달리 다양한 업체에서 사용할 수 있지.

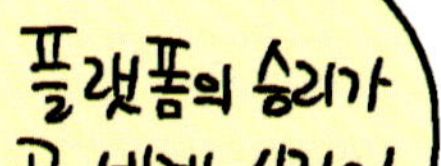

참, 최근에는 삼성이 인텔과 손을 잡고 개방형 멀티 플랫폼 '타이젠'을 개발했다는구나. 타이젠은 스마트폰과 태블릿PC, 노트북, 스마트 TV, 게임기, 차량용 디바이스 등 다양한 기기에 탑재할 수 있다니 기존의 플랫폼와 어떻게 경쟁할지 너도 기대되지?

스마트폰의 혁명, 아이폰

아이폰 열풍은 휴대폰에 대한 인식을 바꿔놓았다. 이전에는 휴대폰에 어떤 기능이 있느냐가 중요했다면, 아이폰 이후에는 스마트폰에 어떤 기능을 넣느냐가 중요해졌다. 아이폰 사용자들은 자신에게 맞는 애플리케이션을 설치할 수 있는 무한한 콘텐츠를 선택할 수 있다. 게임, SNS, 인터넷전화, 모바일 뱅킹 등 아이폰으로 할 수 있는 일은 일일이 셀 수 없을 정도로 많다. 아이폰이 성공하면서 휴대폰 산업은 급격히 스마트폰으로 기울었고, 수많은 기업들이 아이폰이 구축한 모바일 생태계를 따라가고 있다.

국내에서는 삼성이 아이폰의 대항마로 갤럭시폰을 개발해 전 세계 스마트폰 시장에 도전했는데, 갤럭시3가 출시된 현재 국내뿐 아니라 각국에서 아이폰의 1위 자리를 탈환하며 새롭게 시장을 이끌고 있다.

아이폰 플랫폼 화면

스마트폰의 기능은 내 맘대로

휴대폰이 컴퓨터와 결합하면서 사용자는 다양한 기능의 프로그램을 선택할 수 있게 되었다. 일명 애플리케이션이라 불리는 응용 프로그램은 앱스토어를 통해 무료로 얻을 수 있고 유료로 구입할 수도 있다. 대표적인 앱스토어는 애플 앱스토어와 안드로이드 앱스토어가 있다. 물론 애플의 애플리케이션은 안드로이드에서 실행이 안 되고 안드로이드의 애플리케이션도 애플에서 실행이 안 된다. 그래서 애플리케이션 개발자들은 애플의 IOS용과 안드로이드용을 따로 개발하곤 한다. 소비자는 자신의 휴대폰 플랫폼에 맞는 애플리케이션을 스토어에서 구입하면 된다.

컴퓨터에서 활용하는 문서 작성 프로그램(MS 워드, 한글)은 기본이고 다양한 인터넷 브라우저(익스플로러, 파이어폭스) 및 포토샵 같은 이미지 수정 프로그램이나 동영상 편집 프로그램은 물론이고 인터넷 뱅킹, 지하철 · 버스 노선, 카드 결제, 영화 연극의 예약 시스템, GPS 수신기를 이용한 내비게이션 등 생활에 편리하게 이용할 수 있는 애플리케이션이 많이 있다.

스마트폰 애플리케이션은 하루에 수백 개가 쏟아져 나오고 있으며 설치법도 간단하다. 최근에는 3차원의 가상환경을 접목한 '증강현실' 기술을 적용하여 카메라로 거리를 비추면 스마트폰 화면에 건물 이름, 상호, 업종, 연락처 등의 정보가 자동으로 뜨게 된다. 다양한 게임과 웹하드, 교육, 전자책, 음악, 카메라, 육아, 소셜 네트워크, 요리, 여행, 운동, 비즈니스, 레저스포츠, 만화, 맛집, 음악 연주, 금전 관리 등의 다양한 카테고리

안에서 현재까지 이미 수만 가지의 애플리케이션이 스토어에서 무·유료로 판매되고 있다. 애플리케이션 시장의 발달로 최근에는 애플리케이션 개발회사가 많이 늘어나고 있는데 애플리케이션을 판매하여 수익이 발생할 경우 70%를 개발자에게 지급한다. 애플리케이션 개발자가 21세기의 새로운 직업으로 각광받고 있는 이유는 스마트폰 기능이 인간의 상상력만큼 무한하게 발전하기 때문이다.

우리나라의 대표적인 소셜 애플리케이션 카카오톡은 전 세계 6,000만 명 이상의 사용자가 이용하고 있으며 연 수익이 수억 원대에 이른다. 애플리케이션 개발자가 되려면 기본적으로 컴퓨터 언어인 C언어와 자바 프로그래밍을 배워야 한다. 책을 통해 독학을 할 수도 있고 학원을 통해 기초·중·고급 과정을 배울 수도 있다.

애플 앱스토어

안드로이드 앱스토어

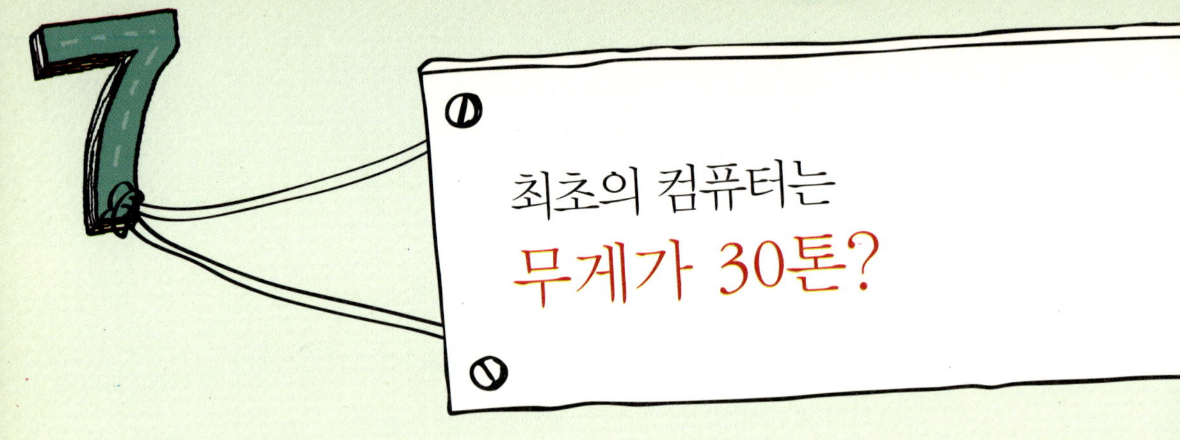

일요일 낮 서영이는 아빠 엄마와 공원에 가기로 한 약속을 하고는 하루 종일 컴퓨터 게임에 정신이 팔렸다. 아빠와 엄마는 옷을 갈아입고 돗자리와 먹을 것을 준비한 후 나갈 채비를 하는데 서영이는 여전히 잠옷바람이었다. 화가 난 아빠는 서영이 방으로 들어왔다.

"서영아! 아빠랑 놀이공원 가기로 약속했잖아! 근데 아직 뭐 하고 있니?"

"잠시만요, 이번 판만 깨면 왕이랑 싸운단 말이에요!"

서영이는 모니터에서 눈을 떼지 못한다.

"서영아! 당장 게임을 그만두지 않으면 놀이공원 안 간다!"

서영이는 아빠 말에 신경 쓰지 않고 게임에만 열중했다. 갑자기 꺼지는 모니터 화면. 놀란 서영이가 뒤를 돌아보니 아빠가 컴퓨터와 연결된 전원코드를 뽑아버린 것이었다.

"아빠!"

"서영아, 아빠가 얘기했지? 컴퓨터 게임보다 중요한 건 가족과 함께하는 거라고. 근데 다같이 야외로 놀러가자고 해놓고는 왜 아직까지 게임을 하고 있니?”

“싫어! 나 안 나갈래. 그냥 집에서 게임할래요!”

“지금 날씨도 좋고 엄마가 맛있는 것도 잔뜩 준비했는데 이런 좋은 날에 그냥 집에 있겠다고?”

“게임 속의 세상이 더 멋지고 좋단 말이야! 하늘을 나는 용도 있고 마법의 성도 나오고 원더랜드라는 엄청 큰 테마파크도 있는걸. 참, 근사한 식당에서 프랑스음식, 중국음식, 인도음식도 마음껏 먹을 수 있다고요. 내가 게임머니가 얼마나 많은데…….”

“서영아!”

아빠는 갑자기 버럭 소리를 질렀다. 기가 죽은 서영이 움추렸다.

“왜요?”

“게임 속의 세상은 가상의 세계야. 넌 지금 진짜 세계에 살고 있고.”

“하지만 가상의 세계는 정말 재밌는걸요?”

“나도 그걸 알지만, 넌 현실의 삶도 충실해야 한단다. 네가 게임 속에서 공주가 된들 현실에서 가족과 멀어지면 무슨 의미가 있니?”

“…….”

“참, 그리고 너 아침도 안 먹었는데 배고프지 않아?”

그 말을 들으니 서영이 뱃속에서 ‘꼬르륵’ 소리가 났다. 엄마가 들고 있는 바구니에서 맛있는 음식 냄새가 솔솔 풍겼다.

“아, 알았어요! 옷 갈아입을게요!”

서영이는 세수를 하고 옷을 갈아입고 밖으로 나온다. 놀이동산으로 가는 차 안에서 서영이는 진짜 하고 싶은 말이 생각난다.

“근데 아빠! 게임 속 세상은 진짜 신기해요!”

“그래, 그럼 오늘은 아빠가 가면서 컴퓨터 이야기를 해줄까?”

이렇게 재미있는 게임을 할 수 있는 컴퓨터는 우리나라에 언제 처음 들어왔어요?

아빠가 예전에 전자 기기의 역사에 대해 설명해주었지? 기억나니?

1960년대 말에 국내 가전 시장 및 수출 시장이 확보되면서 한국 정부는 첨단 산업으로 부상하고 있는 컴퓨터·통신 분야로 진출하기 위한 방안을 모색하게 되었단다. 특히 기업과 학계에서는 당시 전 세계적으로 보급수가 5만 대 정도였던 전자계산기(지금의 컴퓨터)에 대한 관심이 높았어. 하지만 당시 기술력으로는 선자식 데이터 처리 장치를 개발할 역량이 매우 부족했지. 그래서 정부 차원에서 독자적으로 전자 산업을 육성하고, 과학 기술 정책을 세우고 시행할 수 있는 조직의 필요성을 인식하고 만든 것이 상공부이고, 과학기술처란다.

전자 산업을 수출 산업으로 키우기 위해 상공부는 1966년에 '전자공업진흥 5개년 계획'을 만들었고, 이듬해인 1967년에 과학기술처는 '전자계산기 사용 개발 7개년 계획'을 발표하여 컴퓨터 산업의 시초를 만들었지. 이런 말 하면 넌 웃겠지만 당시 정부에서는 공무원을 대상으로 새 시대의 사명을 품은 '컴퓨터 요원'을 뽑았단다. 1968년 4월부터 그들에게 기초 과정, 고급 과정, 특수 과정 등으로 구성된 4주간의 교육을 실시했단다. 대한민국 최초의 컴퓨터 교육 기관이라 할 수 있겠지. 공무원들이 먼저 컴퓨터를 사용할 줄 알아야 기관 및 기업의 컴퓨터 도입이 활성화된다고 생각했던 거야.

참 KIST(Korea Institute of Science & Technology, 한국과학기술연구원) 얘기도 빼놓을 수 없구나. 정부나 기업에서 전자계산기에 대한 관심이 높아지는 상황에서 기업과 학계를 연계하는 매개체 역할을 할 수 있는 기관이 없었어. 기업에서 필요한 기술을 연구할 수 있는 연구소의 필요성이 커진 거야.

이에 1965년 5월 미국을 방문한 박정희 대통령과 미국 대통령 존슨이 한·미 정상 회담에서 양공동성명을 발표하고 한국 공

1948년 대한민국 정부 수립 첫 내각에 상공부가 설치되어 임영신 씨가 한국 최초의 여성장관을 맡았으며, 우리나라의 상업, 무역, 그리고 공업에 관한 국가 정책을 추진하였다. 같은 해 11월 상공부 산하에 전기국이 발족하여 전자 산업의 기반을 준비했으며, 1962년 '제1차 경제개발 5개년계획'을 통해 산업 부흥의 첫발을 내딛게 된다.

그 후 상공부는 1993년 동력자원부와 통폐합되어 상공자원부로, 1994년 정부개편 때는 통상 기능을 강화하여 통상산업부로, 1998년 일부 통상 기능을 외교통상부로 넘기고 산업자원부로, 2008년 정보통신부를 합쳐서 지식경제부로, 2013년 다시 15년 만에 통상 기능을 강화하여 산업통산자원부로 통합하고, 정보 통신 기능은 미래창조과학부로 넘기면서 대내외 환경 변화에 능동적인 국가 정책을 수립하고자 끊임없이 이합집산을 거듭하여 진화하는 모습을 볼 수 있다.

업 발전을 위한 연구소 설립에 합의하였단다. 그리고 이듬해인 1966년에 컴퓨터 연구소 KIST가 설립되었어. KIST는 우리나라에 컴퓨터를 도입하는 데 큰 역할을 했지. 사회 전반의 예산 업무 전산 처리, 전화요금 전산화, 대학예비고사 전산 처리, 경영정보시스템 모델 연구 등 우리나라가 초창기 컴퓨터 영향권에 들어가는 계기가 되는 모든 시스템을 개발했어. 대단하지?

KIST 얘기를 하자면 또 초대 전산실장 성기수 박사 이야기를 안 할 수 없구나. 성기수 박사는 전산실장에 취임하자마자 KIST 전산실의 진로를 정하기 위해 곧바로 미국에서 파견된 전문가들과 함께 회의를 했단다. 미국 측이 KIST의 컴퓨터 활용 분야를 과학기술로 제한하자고 주장했는데 성기수 박사는 사회 모든 분야를 대상으로 해야 한다고 주장했고 결국 미국 전문가들을 설득해냈다는구나. 이런 과정이 있었기 때문에 컴퓨터가 빠르게 사회 분야에 적용될 수 있었단다.

그럼 컴퓨터가 민간 사회에 최초로 적용된 건 언제예요?

1969년 처음으로 대학예비고사의 채점을 OMR(Optical Mark Reader, 광학카드판독기)로 하게 되었단다. 너도 OMR 이 뭔지 알지? 마크 시트 따위의 용지에 연필이나 펜 등으로 표시한 부분에 빛을 비추어 판독하고 전기 신호로 바꾸어주는 거지. 자료의 내용이 비교적 단순하고 양이 많은 업무를 고속으로 처리하는 데 유용하게 쓰인단다. KIST 전자계산실을 통해 처음 OMR을 사용했을 때 일반인들 사이에 크게 화제가 되었다는구나. 넌 안 믿겠지만 컴퓨터가 도입되기 전에는 모든 객관식 시험 답안을 사람이 일일이 손으로 채점했단다. 이러니 일반인들은 당연히 컴퓨터의 등장을 반가워했겠지?

1970년대에는 일반인들이 일상 생활 속에서 직접 컴퓨터를 사용하지 않았지만 점점 컴퓨터를 활용한 업무를 접하게 되고 그 영향을 받으며 점차 관심을 높이고 있었단다. 1970년 4월에 경제기획원의 예산 업무 전산화를 대통령에게 시범 보인 이후 그 이듬해인 1971년에는 체신부가 방대한 양의 전화요금 업무를, 관세청·관상대·전매청·서울시 등 각 기관들이 자체 고유 업무를 각각 전산화하기 시작했어. 산발적으로 추진되어온 이러한 행정 업무의 전산화를 국가적인 차원에서 묶어 종합적으로 추진할 필요성을 인식한 거지. 행정전산화는 차츰 발전하여 지금처럼 국민 생활에 파급 효과가 큰 주민등록, 부동산, 자동차, 통

**최초 OMR의
임대료는 월 1만 6,850달러**

1969년 9월 KIST 전산실은 미 컨트롤데이터사(CDC)로부터 초대형 컴퓨터 'CDC-3300'을 월 1만 6,850달러씩의 임대료를 지불키로 하고 첫 컴퓨터로 도입하게 되었다.

CDC-3300은 당시 가장 강력한 성능을 갖는 기계로 평가되었다. CDC-3300은 1969년 말 처음으로 대학예비고사의 채점을 OMR 식으로 처리해 냄으로써 인기가 절정에 달했다. 하지만 당시 대학예비고사 채점을 담당했던 최덕규(고등기술연구원)가 시험지 답안 처리 오류를 막기 위해 여대생 300명을 3일 동안 강당에 연금한 채 다른 곳에 답안을 옮겨 쓰는 작업을 시켰다고 증언한 바가 있어 CDC-3300은 완벽한 신뢰를 받지는 못했다.

나대로 선생 카툰 〈동아일보〉 1981년 3월 28일자에 실린 것으로 은행에서 벌어진 컴퓨터 범죄 사건을 풍자함

관, 고용, 경제통계 등까지 가능해졌단다. 전산화는 일반인을 대상으로 한 서비스 개선 등 국민 편익 증진과 행정 능률의 향상에 기여했다고 말할 수 있지.

갑자기 모든 일들이 컴퓨터의 영향을 받게 된 거네요. 그에 따른 부작용은 없었어요?

그것을 걱정할 줄 알았지. 사회가 정보화 또는 컴퓨터화가 되어갈수록 컴퓨터는 시민 생활과 여러 분야에서 중요한 역할을 수행하게 되었지만 컴퓨터를 이용한 범죄는 예나 지금이나 끊이지 않고 있어. 한국에서도 캐시카드 범죄(CD 범죄)가 해마다 늘고 있으며, 데이터 부정 조작, 데이터 부정 입수, 컴퓨터 무단 사용, 컴퓨터(하드웨어·소프트웨어) 파괴, 비밀문건 입수 등 여러 형태가 있단다.

국내 최초의 컴퓨터 범죄 사건은 1973년 반포 AID차관아파트 부정 추첨 사건이야. 그 후 전산 처리를 악용한 범죄 및 전산 사고가 잇달아 일어났단다. 은행 직원이 돈을 빼내서 외국으로 도피하거나 주식투자나 사채놀이를 하다 발각된 경우도 많았지.

컴퓨터의 편리성으로 밝은 미래를 기대했던 일반인들 사이에서 점점 불안감이 조성되기도 했지. 요즈음엔 보안에 관한 안전망이 확대되고 사이버수사대가 범죄 방지에 노력한다지만 조심은 해야겠지?

그럼 컴퓨터 대중화는 언제부터 이루어진 거예요?

초창기 컴퓨터가 도입되었을 때 정부에서 시행한 OJL 제도라는 것이 있었어. OJL은 'On the Job Training'의 약자로 일반인들을 대상으로 교육반 수강생을 공모하고, 수료자 가운데 유능한 이를 강사로 충원하거나 전산실 내 프로그램 개발보조원으로 채용하는 제도였단다. 이들은 한국 IT 산업의 중추적인 역할을 했지. 이들이 가르친 사람들이 또 다른 사람들을 가르치며 컴퓨터 교육이 확산되었단다.

1980년대 초 컴퓨터 사용 영역이 급속히 늘어나며 기업, 대학, 공공 기관 등에서 컴퓨터 전문 인력을 양성하려는 노력이 확대되었지. 1981년에는 KBS 방송국에서 총선 개표 실황 방송에 최초로 컴퓨터를 도입하기도 했단다. 전산 방식에 의한 데이터 집계는 그때까지 컴퓨터는 우주과학 또는 고도로 정밀한 전산과학에서나 쓰이는 과학기술이라고 생각했던 일반적인 통념에 상당한 변화를 가져왔단다. 사람들은 컴퓨터를 이용하면 무엇이든 가능할 것이라는 희망을 갖게 되었고, '컴퓨토피아 : 컴퓨터를 이용한 낙원'이란 말까지 생겨났단다.

컴퓨터 전문 인력 양성을 위한 각계의 노력 끝에 전국경제인연합회(전경련)는 산하에 정보산업협회 전산 과정을 개설하기도 했지. 당시의 〈매일경제신문〉 1983년 5월 18일자 기사를 볼까?

"전경련은 기업체의 컴퓨터 활용을 촉진하고 컴퓨터 산업의 중점 육성지원을 위해 전문업종 단체인 한국정보산업협회를 설립키로 하고 오는 26일 창립 총회를 개최할 예정이다. 전경련에 따르면 첨단 기술 분야인 컴퓨터의 제작, 기종 도입, 활용 촉진 및 교육 등을 전문적으로 지원키 위해 현재 전경련 부설 형식으로 되어 있는 정보산업협의회를 별도의 사단법인으로 독립 발족시키기로 했다. 이 협회는 컴퓨터 제작업

공병우 박사 기념식

체와 이용업체 100여 개 기업을 대상으로 회원을 구성하여 발기인 총회를 열고 이날 곧바로 출범할 예정이다."

기업에서는 컴퓨터 활용도에 따라 기업의 성공과 실패가 결정될 것이라 전망했고 PC를 경영 관리에 도입하는 기업들이 늘어났지. 심지어 컴퓨터를 모르면 직장을 떠나라는 말까지 돌며 사원들은 컴퓨터 사용을 상식으로 받아들이게 되었단다. 그래서 기업의 연수 과정에서도 컴퓨터 교육이 필수 교과목으로 등장하고 국내 대기업들은 전문 교육장을 마련해서 직원들을 대상으로 교육을 실시했단다.

또 학생층에서는 지금의 국영수 학습의 열풍처럼 컴퓨터 학습의 바람이 불었단다. 당시엔 컴퓨터를 모르면 사회에서 낙오자가 된다는 인식이 확산되어 대다수의 학생들이 컴퓨터 학원을 기본으로 다녔단다. 지금은 네가 집에서 쉽게 할 수 있는 간단한 컴퓨터 조작법까지 그때는 컴퓨터 학원에서 배우곤 했단다.

그 당시 사회에서는 '과거에는 글자를 모

PC(Personal Computer) 개인용 컴퓨터.

르면 문맹자라고 했지만 지금은 컴퓨터를 모르면 까막눈 취급을 당하며 정상인의 대우를 못 받는다'라는 말이 돌 정도였지. 지금처럼 컴퓨터 기술이 발달하지 않았던 당시에는 학생들이 PC를 이용해 할 수 있는 것은 고작 사칙연산 정도밖에 안 되었단다. 그래도 그 과정이 있었기에 우리나라가 이만큼 컴퓨터 선진국이 된 거겠지?

국내에 처음으로 들어온 컴퓨터가 어떤 것이었는지 궁금해요.

한국 땅을 가장 먼저 밟은 컴퓨터는 '파콤'이었단다. 1967년 5월, 한국생산성본부에 도입된 파콤222는 1961년 일본 후지츠사가 개발한 컴퓨터로 트랜지스터가 탑재된 컴퓨터에 해당해. 1967년에 생산성본부는 사무처리 전산화 교육·훈련·적용·검토 등 컴퓨터 기반 조성을 위해 파콤222를 도입한 거야. 파콤222는 무게가 무려 35t이었는데, 운송에 200여 명이 투입됐으며 5대의 트럭에 나누어 운반될 정도로 덩치가 컸단다. 믿어지니? 컴퓨터가 35t이나 되다니

말이야! 지금같이 컴퓨터가 소형화된 것은 그동안의 많은 기술 발전 덕분이란다.

IBM 1401 컴퓨터

그 후 본격적으로 활용된 컴퓨터는 경제기획원 통계국이 인구 통계를 내기 위해 도입한 IBM1401이야. IBM1401은 국내에서 매우 기념비적인 컴퓨터인데 그 도입 시점이 한국 정보처리 산업의 태동이 되었기 때문이야. 1970년대 중반에 들어서면서 정부 및 공공 기관, 교육 기관, 기업들의 컴퓨터 도입은 나날이 증가했단다.

그럼 지금 사용되는 소형 컴퓨터는 언제 도입되었나요?

1970년대 초중반에 미니컴퓨터 생산 기업이 30여 대를 공급했단다. 당시 미니컴퓨터는 지금 네 책상에 있는 PC가 아니라 초대형 컴퓨터와 PC의 중간이라고나 할까? 일반적으로 중소형 컴퓨터라 하지. 주기억장치와 보조기억장치의 용량이 커서 멀티유저 시스템을 사용하는 학교나 연구소에서 업무용으로 사용했단다.

이들 미니컴퓨터 기종은 중대형급에 비해 도입 가격이 최고 10분의 1까지 저렴하면서도 성능 차이는 그다지 크지 않았지. 1970년대 중후반으로 넘어가면서 미니컴퓨터의 부상은 두드러졌어. 이렇게 외국에서 컴퓨터를 수입하던 중 1973년 KIST에서 국내 최초의 국산 컴퓨터 '세종1호'를 개발했단다.

세종1호는 미국 데이터제너럴(DG)의 미니컴퓨터 '노바01'을 개량해서 만든 한국 최초의 국산 디지털컴퓨터로 세종1호 개발 프로젝트는 청

와대에 의해 '메모 콜(Memo Call)'이라는 암호로 시작되었다고 해. 그
런데 놀랍게도 개발 이유가 산업 발전이 아닌 정치적인 목적 때문이라
하니 어떻게 쓰였는지 매우 궁금하지?

　세종1호는 1972년 4월에 청와대의 주요 기관 사이의 전화 통화에 대
해 외국 정보 기관의 도청을 막기 위해 기획되었지. 또 언제라도 상위권
통화자가 통신을 제어할 수 있는 핫라인용 사설 전자 교환기를 1973년
3월까지 개발 가능한가를 KIST에 의뢰한 거란다. 7·4남북공동성명을
전후로 한 중요한 정치적 상황에서 통신 비
밀이 보장되는 핫라인이 필요했기 때문이지.
최초이긴 하지만 신뢰성이 떨어지며 통화 품
질이 만족스럽지 않아 미완의 성공으로 남았
지만 훗날 TDX-1 개발의 중요한 토대가 되

7·4남북공동성명 1972년 7월 4일 남북
한 당국이 국토 분단 이후 최초로 통일과 관
련하여 합의 발표한 역사적인 공동 성명.

TDX-1 세계에서 10번째로 개발에 성공한
한국형 전전자 교환기.

미니컴퓨터

었다는구나.

　사실 당시 국내 전자 산업 분야에서 대기업들의 사업 영역은 흑백 TV, 냉장고, 전자레인지 등 정부가 수출을 주도하고 장려하는 가전 분야에 집중되고 있었지. 대기업들로서는 관련 기술이나 노하우 축적이 전무하여 사업 전망이 좋지 않았기 때문에 컴퓨터 산업에 투자를 하지 않았던 거야. 그러나 1975년을 전후하여 국내 컴퓨터 도입이 급증세를 보이며 국내 중소기업이 미니컴퓨터 단말기를 국산화하자 대기업들이 컴퓨터 산업에 뛰어들게 되었단다.

1976년을 전후해서 삼성, 금성, 금성전기, 금호실업, 대우, 금성통신, 동양정밀(OPC), 벽산, 쌍용양회, 두산 등이 미니컴퓨터 사업에 진출했어. 대기업의 컴퓨터 분야 진출은 외국의 기술, 노하우를 빌려오는 것에서부터 시작했는데 미국·일본의 컴퓨터 기업과 기술 제휴해서 국내에서 생산하는 식이었지.

그런데 기업들 대부분은 중도에 사업을 포기했단다. 하지만 끝까지 밀어붙인 두 회사가 있었는데, 그 회사들은 너도 잘 아는 삼성과 금성이란다. 외국 기업의 국내 대리점 영업으로 컴퓨터 분야에 발을 들여놓은 삼성전자공업과 금성사는 이때 쌓아올린 노하우를 바탕으로 오늘날에 이르는 장기적인 발전을 이룩한 거란다. 전자 제품에서 뜨거운 경쟁을 하던 지금의 삼성전자와 LG전자가 컴퓨터 분야에서 결국 또 맞붙게 되니 흥미진진하지 않니? 마치 영원한 적수처럼 말이야.

한국 최초의 컴퓨터 범죄는 내부인의 소행이었다

한국 최초의 컴퓨터 범죄는 1973년 10월 서울 '반포 AID차관아파트 부정 추첨 사건'이었다.

반포 AID차관아파트는 AID 자금을 이용해 짓던 대규모 아파트로 입주 신청이 몰리자 입주자를 컴퓨터로 추첨하기로 했다. 이때 용역을 맡은 곳은 과학기술치 신하의 NCC(중앙전자계산소)였다. NCC가 추첨을 맡게 된 이유는 당시 도입된 컴퓨터 중 가장 성능이 좋은 유니백1106을 보유한 정부 산하 기관이었기 때문이다.

NCC 소속 프로그래머인 정 씨는 수십 명의 입주 신청자로부터 뇌물을 받고 프로그램 처리 과정을 조작하여 9세대를 당첨시켰다.

당시 추첨 프로그램은 컴퓨터에 추첨 과정을 저장할 수 없었다. 정 씨는 25장의 조작된 프로그램 카드를 끼워 넣었다가 다시 빼내는 수법으로 조작 흔적이 나타나지 않도록 했다.

이 사건은 NCC 직원의 검찰 투서로 발각되었다. 청탁을 의뢰했던 수십 명 중 상당수가 정 씨의 지인이었고, 부정 당첨된 9세대 중 5세대가 NCC 직원이었다. 청탁 과정에서 불만을 품은 직원이 내부고발을 했던 것이다.

국내 1호 해커가 신지식인상을 받다

1993년에 어느 청년이 청와대 PC 통신 아이디를 도용해 은행 전산망에 접속하고 수백억 원대의 돈을 자신의 계좌로 입금하려다 걸린 희대의 사건이 있었다.

사건의 전말은 이러하다. 당시 시카고 대학교 입학 허가를 받아놓은 김재열이라는 청년은 유학 자금이 절실하여 은행 '휴면계좌'에 있는 돈을 빼내기로 결심했다.

그는 청와대 비서실을 사칭하기 위해 청와대 PC통신 비밀번호를 알아내기로 했다. 그러나 청와대를 해킹하기 위해선 다른 정부 기관의 PC통신 비밀번호가 필요했다. 그는 인터넷 이용도가 가장 높은 국제심판소를 타깃으로 잡았다. 또 인터넷 활용이 빈번한 만큼 비밀번호가 외우기 쉬운 숫자로 구성됐을 것으로 판단했다. 이후 그는 여러 가지 숫자를 이리저리 짜맞추기 시작했다. 주먹구구식으로 숫자를 짜맞춘 지 얼마 안 돼 그는 국제심판소 비밀번호를 알아내고 말았다. 국제심판소의 비밀번호는 '12345'였다.

비밀번호를 알아낸 그는 국제심판소 명의로 "비밀번호가 12345인데 번호를 바꿔달라"는 내용의 공문을 데이콤에 보냈다. 또 같은 날 '청와대비서실 업무인수점검팀' 이름으로 데이콤에 "비밀번호를 분실했으니 번호를 BH0303으로 바꿔주기 바람"이란 내용의 공문을 잇달아 보냈다. 국제심판소와 함께 청와대 비밀번호를 바꿔 의심을 피하려 했던 것이다.

데이콤 측은 아무런 확인 절차도 없이 청와대 비밀번호를 'BH0303'으로 바꿨다. 청와대 PC통신 비밀번호를 손에 넣은 그는 각 금융기관 전산실 장 앞으로 "전산망 운영 현황과 구조, 일반 전화선과의 연결 방법 등 전산정보망 자료를 제출해달라"는 내용의 공문을 보냈다. 그는 이 자료를 이용해 휴면계좌에 남아 있는 돈을 인출할 생각이었다.

그러나 수상한 낌새를 눈치 챈 농협 측 관계자가 청와대 비서실에 직접 확인 전화를 걸었고 덜미가 잡힌 그는 경찰에 구속되었다. 국내 해커 1호 김재열은 청와대 사칭이란 괘씸죄에 걸려 6개월간 구치소 신세를 지다 집행유예로 풀려났다.

그러나 그의 삶에 이변이 생겨났다. 기업들은 고졸 출신인 그를 서로 데려가기 위해 안달했고 1994년 대우그룹 기획조정실에 특채로 입사해 그룹 사업 전략 등을 다루게 되었다.

이후에 그는 1998년 기획예산처 민간계약직 사무관으로 특채되었고 정부를 위해 일하게 되었다. 2000년에는 그가 소속된 팀이 제시한 문건이 국가 채권 관리와 국유지 활용도 제고 방안으로 선정되어 '신지식인상'을 받기도 했다.

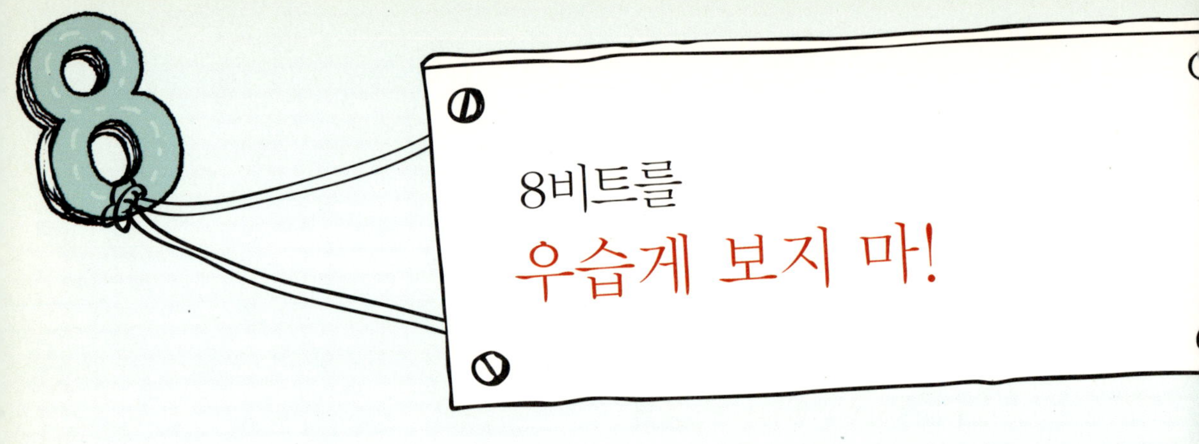

학교 갔다 온 서영이는 아빠에게 쪼르르 달려가 하소연을 했다.

"아빠! 내가 그렇게 단순해요?"

"그게 무슨 말이야?"

"아니, 오늘 친구들이랑 편의점에 가서 삼각김밥을 사먹는데, 비닐껍질이 제대로 벗겨지지 않는 거예요. 그래서 결국 밥이랑 김이 분리되어 가지고 따로 따로 먹게 되었는데 친구들이 8비트라고 놀려요!"

"음, 아빠도 삼각김밥 잘 못 벗기는데 그건 네 탓이 아니라 회사에서 상품을 제대로 만들지 못 한 거라고 봐. 누구나 쉽게 벗길 수 있어야 하는데 나도 그렇고 너도 그렇고 엄마도 아마 실패할걸?"

"그렇죠? 나 8비트 아니죠?"

"그리고 8비트를 우습게 보면 안 돼. 8비트가 있었기 때문에 우리가 이만큼 문명의 혜택을 누릴 수 있게 된 거란다."

"정말? 8비트는 멍청하다는 뜻 아니에요?"

아빠는 어떻게 설명을 해야 할까 고민했다.

"서영아 8비트가 어디에서 나온 용어인지는 아니?"

"아뇨."

"8비트는 컴퓨터 용어란다. 그리고 8비트 컴퓨터가 네 책상에 있는 슈퍼 컴퓨터의 조상님이란다."

"정말?"

"그럼, 8비트 컴퓨터가 안 나왔다면 우리는 예전에 아빠가 얘기했던 30t이 넘는 엄청 큰 컴퓨터를 써야만 했을걸. 물론 그걸 살 만한 돈도 없지만 샀어도 그것을 놓을 만한 공간이 없을 거야. 아마 우리 집 거실을 꽉 채워도 모자랄걸!"

"아빠 듣기만 해도 끔찍하네요! 이제 보니 8비트가 뭔가 대단하게 느껴져요!"

"그럼 오늘은 아빠가 8비트 컴퓨터의 신화를 얘기해줘야겠구나!"

8비트가 정확히 뭘 뜻해요?

아마도 너는 컴퓨터의 진화를 얘기할 때 8비트(bit), 16비트, 286, 386, 486, 펜티엄(pentium)이라는 말을 들어봤을 거야. 1980년대 PC의 시대는 8비트 컴퓨터를 말하는 거야.

8비트 컴퓨터란 2의 8제곱인 256가지의 숫자를 한 번에 다룰 수 있는 컴퓨터란다. 자료를 전송할 때 8비트씩 보내는 것인데 마치 8차선을 이용해 동시에 8대의 차가 짐을 나르는 것과 같아. 발전한 16비트라면 16개의 차선을 이용하는 것이겠지? 그런데 16비트의 성능이 8비트의 2배는 아니란다. 왜냐면 8비트는 최대 256이라는 숫자까지 한 번에 보낼 수 있지만 16비트는 2의 16제곱인 6만 5,596이라는 숫자를 보내줄 수 있어. 엄청난 차이지? 그럼 32비트 컴퓨터는 16비트보다 또 월등히 우수한 성능을 가지지.

이런 성능은 컴퓨터의 CPU에 의해서 결정된단다. 앞에서도 설명했듯이 CPU는 컴퓨터의 두뇌에 해당하는 것으로서 사용자로부터 입력받은 명령어를 해석, 연산한 후 그 결과를 출력하는 역할을 한단다. 그리고 이렇게 하나의 부품에 연산 장치, 해독 장치, 제어 장치 등이 집적되어 있는 형태를 일컬어 '마이크로프로세서(Micro-processor)'라고 해. CPU와 마이크로프로세서는 거의 같은 의미로 쓰이는 일이 많아. 다만 마이크로프로세서 중에는 전기밥솥이나 세탁기와 같은 제품의 제어용으로 쓰이는 것도 있어서 일반 컴퓨터에 장착되는 CPU와는 미묘하게 뜻이 구분되기도 한단다.

컴퓨터 CPU의 가장 기본적인 역할은 연산·계산 작업이야. 이를테면 사용자가 '0+1'이라는 명령을 내리면 CPU는 이를 받아들여 계산을 한 후 '1'이라는 결과를 영상 출력 장치(모니터 등)로 보여준단다. 물론 지금 우리가 사용하는 컴퓨터의 CPU는 이러한 단순한 계산 작업만 처리하지는 않고, 문서나 그림, 음악이나 동영상 등 다양한 데이터를 취급하지. 하지만 처리하는 데이터의 종류가 다르다 해도 CPU가 데이터를 처리하는 기본 원리는 '0 + 1 = 1'을 계산할 때와 크게 다르지 않아. 왜냐하면 컴퓨터의 내부에서 이동하는 데이터는 어차피 '0'과 '1'로만 구성된 디지털 신호의 조합이기 때문이야. 예를 들어 사용자가 숫자 '3'을 컴퓨터에 입력하면 CPU는 이를 '00011'이라는 0과 1의 조합으로 인식해. 만약 단순한 숫자 데이터가 아닌 동영상이나 음악 등의 복잡한 데이터를 CPU가 인식, 처리할 수 있는 디지털 신호로 구성하려면 수많은 0과 1의 조합이 필요하단다.

CPU는 컴퓨터의 성능을 결정할 정도로 가장 핵심적인 부품이란다. 컴퓨터의 성능을 결정하는 CPU가 8비트라면 8비트 컴퓨터라 할 수 있

영화 매트릭스

고 16비트라면 16비트 컴퓨터, 32비트라면 32비트 컴퓨터라 할 수 있지.

우리나라에서 가장 많이 사용하는 IBM 호환기종 컴퓨터는 인텔이라는 회사에서 만든 CPU를 사용하는데 인텔이라는 회사에서 생산한 CPU의 모델명이 80386, 80486, 펜티엄 등이 있단다. 우리가 386 컴퓨터라 부르는 컴퓨터는 80386 CPU를 장착한 컴퓨터이고, 486컴퓨터라 부르는 컴퓨터는 80486 CPU를 장착한 것이란다. 그렇다면 우리 집의 펜티엄 컴퓨터는 왜 펜티엄 컴퓨터라 부르는지 이제 너도 알겠지?

모든 컴퓨터는 8비트에서 시작된 거네요. 그렇다면 8비트 컴퓨터는 어떻게 발전해요?
전 세계 컴퓨터 시장과 우리나라 컴퓨터 시장은 어깨를 나란히 하고 함께 발전한단다. 먼저 컴퓨터 사용 초기 우리나라에서 선점했던 외국회사의 PC에 대해 얘기를 해야겠구나.

너도 알다시피 최초의 컴퓨터는 가격이 집 한 채만큼이나 비쌌고, 크기 역시 트럭만 해서 누구나 구매하기에는 무리가 있었어. 국가 기관이나 기업체의 전유물처럼 여겨

졌던 컴퓨터가 대중화된 것은 소형
화된 PC가 등장하면서부터야. 세계
에서 다양한 컴퓨터가 나오면서 가
장 큰 인기를 누렸던 애플 II도 국내
에 도입되었지. 애플 II는 패키지 컴
퓨터라 조립할 필요가 없다는 장점
이 있었어. 당시에는 컴퓨터가 생소

IBM PC 설립 기념일에 맞춰 출시된 데스크탑 컴퓨터

해서 스스로 조립할 줄 아는 사람이 많이 없었으니까. 하지만 애플 II를
비롯한 다양한 컴퓨터들은 제조사별로 독자적인 아키텍처를 내세우고
있기 때문에 하드웨어나 소프트웨어가 서로 호
환이 되지 않는 경우가 대부분이었단다. 이 때
문에 PC의 표준화, 대중화의 길이 멀게만 느껴
졌었지.

> 아키텍처(architecture) 시스템 전반
> 의 구조 및 설계 방식.

　그런데 1981년 미국 IBM사에서 새로운 PC를 출시했단다. IBM 컴
퓨터는 성능 면에서 평범했지만 완전한 공개 형식의 아키텍처를 내세
워 업계에 파란을 일으켰어. 그로 인해 다른 제조사에서도 IBM 컴퓨
터와 호환되는 하드웨어 및 소프트웨어, 그리고 주변 기기를 자유롭게
생산해서 판매할 수 있게 된 거지. 국내 PC도 대부분 다 이런 호환 제
품이란다.

　IBM PC 호환 기종이 국내에 본격 도입되면서 PC 시대의 포문이 열
리게 되었지. 당시 IBM에서 직접 제조하는 PC에 비해 다른 제조사의
IBM 호환 PC가 훨씬 더 많이 팔리기도 했어. 제조사들이 단순히 IBM
PC를 흉내 내기에 그치지 않고 오히려 IBM PC를 능가하는 성능과 기
능을 가진 IBM 호환 PC를 내놓으면서 본격적인 PC 대중화 시대를 연

거라 할 수 있지.

IBM PC와 IBM PC 호환 기종들이 유명세를 탔지만 국산 PC의 선전도 만만치 않았어. 지금의 PC 형태는 아니지만 삼보전자엔지니어링은 국내 최초 마이크로컴퓨터 'SE-8001'을 1981년 1월에 개발했단다. 이 제품은 출시하자마자 그해 캐나다에 수출하는 등 쾌거를 올렸어. 워드프로세스 기능과 함께 통계 작업과 작성된 자료를 바탕으로 그래프 작업 등을 간편하게 처리할 수 있었기 때문이란다. 삼보전자엔지니어링은 이에 자극을 받아 계속적으로 PC를 개발·생산, 국내 대표 컴퓨터 전문회사로 성장했어.

1983년 선보인 삼보컴퓨터의 8비트 컴퓨터 '트라이젬 20XT', 삼성전자 'SPC-1000', LG전자 'GMC-3110' 등 다양한 제품이 등장하면서 대중화의 서막을 올렸지.

컴퓨터 가격이 낮아지면서 회계용 언어 코볼, 과학계산용 언어 포트란을 배우려는 수요도 급증하게 되었어.

또 중소기업들이 애플 II를, 전문업체와 대기업들은 IBM 호환기를 주로 생산하던 상황에서 MSX가 도입되었어. MSX란 1983년 미국의 마이크로소프트와 일본의 아스키가 각 PC 간의 호환성을 목표로 만든 8비트 PC의 통일 규격이야. 우리나라에서는 8비트 PC로는 애플 II 와 함께 대중적인 인기를 얻었던 기종이지. 당시로서는 화려했던 그래픽과 ==스프라이트 기능==, PSG3채널의 사운드로 상당한 매력을 지녔고 조작하기 쉬운 데다 실행할 수 있는 게임이 다양하여 우리나라와 일본을 비롯한 아시아 지역과 중동 남미 등지에서 애용되었단다. 1980년대 중반부터는 대우, 금성, 삼성이 경쟁적으로 MSX 제품을 발전시키면서 많은 기종을 만들어 판매하였지. 그러나 소프트웨어 중심이어서 하드웨어의 발전이 더딘 데다 우리나라의 경우에 1989년 IBM PC가 교육용 PC로 선정되면서 1990년대에 들어서는 그 수요가 점점 줄어들었단다.

초기 국내 컴퓨터 사업은 어떻게 시작된 거죠?

많은 회사들이 컴퓨터 사업에 진출했지만 대부분 그만두고, 남은 건 삼성과 금성이라고 했던 말 기억하지? 두 회사가 어떻게 컴퓨터 사업을 육성했는지 살펴볼까?

삼성은 1975년 전자 사업 전반에서 주도권 경쟁을 벌이던 금성을 의식하여 새로운 분야를 선점하기 위해 컴퓨터 분야를 택했어. 그래서 국내에 현지법인이나 총대리점이 없으면서 세계적으로 시장성이 높은 외국인 회사를 선별했지. 그 회사가 미국의 컴퓨터업체 HP(휴렛팩커드)야. 1976년 8월 HP와 컴퓨터와 계측기 분야의 국내 독점 공급 계약을 체결하고 11월엔 전자사업본부 내에 영업과 지원을 담당할 컴퓨터 시스템부를 조직했어.

1977년 8월에는 9개 대학의 컴퓨터 도입 기종 입찰에 삼성이 최종 낙찰을 하게 되었어. 이 입찰은 당시 문교부가 고급 전산기술 인력 양성과 대학 교육의 질적 수준 향상을 꾀한다는 취지 아래 국제개발은행 자금을 동원해서 1975년부터 추진해오던 것으로 높은 관심을 끌었단다. 이런 공공 교육 기관의 경쟁 입찰 성과를 바탕으로 1978년 한 해 동안 삼성 HP 기종 판매 실적은 국내 미니컴퓨터 시장의 50%를 차지했단다. HP의 해외 판매업체 중 일본에 이어 2위를 차지했다니 국내의 컴퓨터 열풍이 얼마나 대단했는지 짐작할 수 있겠지?

1976년부터 1979년 말까지 삼성이 국내에 공급한 HP3000 미니컴퓨터 기종이 50대가 넘는다는구나. 대단하지?

그럼 금성은 어떻게 발전했는지 살펴볼까?

금성은 삼성의 성과에 자극을 받아 국내 대기업 중에서는 뒤늦게 컴퓨터 사업에 진출한 편이야. 1978년 8월 컴퓨터 사업부를 발족하고 미국 하니웰사의 컴퓨터 대리점 사업을 시작하게 되었어. 1978년 10월

하니웰과 독점 총판 계약을 맺고 '하니웰 레플6' 기종의 국내 공급을 추진했지. 그런데 삼성전자가 엄청난 성과를 거두는 동안 1979년까지 금성이 공급한 컴퓨터는 1대 뿐이라는구나. 금성이 1970년대 말까지 주력한 부분은 금성중앙연구소가 국산화한 금전등록기나 전자식 출납회계기 같은 사무기기란다. 금성은 삼성과 달리 전자 사무기기를 마이크로컴퓨터 칩을 이용하는 최첨단 컴퓨터로 여겼고 금성중앙연구소를 통해 시장의 주력 품목으로 육성하려는 의지를 품었어.

그럼 컴퓨터 대중화는 언제부터 이루어졌어요?

1982년 과학기술처에서는 새해 업무보고에서 교육용 컴퓨터 5,000대를 보급하겠다는 계획을 발표했단다. 그래서 5월부터 보급 기종을 생산할 업체 선정과 기종 선정 작업을 실시했어. 전자기술연구소에서 규격 작업을 하고, 생산업체 선정은 상공부에서 맡았지.

  당시 컴퓨터 국산화를 추진 중이던 13개의 회사가 신청했어. 각각의 회사들은 하드웨어의 구성, 소프트웨어의 내용, 응용프로그램 계획, 주

변 기기 등 4개 분야에 걸쳐 작성한 '교육용 컴퓨터 개발계획서'를 상공부에 제출했단다. 상공부는 계획서를 토대로 적격심사를 벌여 5개 회사를 교육용 컴퓨터 생산업체로 선정하게 되었어.

그러나 예산상으로 1대당 단가가 24만 원에 불과해서 이에 맞춘 과학기술처의 규격은 사용할 수 없을 정도로 빈약한 사양이었어. 업체들은 해당 규격을 따르지 않고 일반 소비자 시장에 대응할 수 있는 사양에 맞추어 제품을 개발했단다.

1983년 8월까지 전국 90개 상업고등학교, 10개의 직업훈련원, 17개의 각급 공무원 교육에 배분되었으나 단가 문제로 주요 주변기기들이 빠진 채로 보급되기도 하고 실행할 소프트웨어는 보급되지도 않았지. 이후 컴퓨터 관리도 소홀했단다. 결국 향후 후속 지원이 없어 교육용 컴퓨터는 거의 사용되지 않고 방치되게 되었단다. 이런 과정은 정부부처

퍼스널 컴퓨터 경진대회(1984)

간의 소통 실패와 기업의 이해관계 때문에 생긴 결과로 전문가들은 판단하고 있어.

1983년엔 '정보산업의 해'로 선포해서 교육용 컴퓨터 보급 사업을 국가에서 주도했단다. 컴퓨터 교육은 전문 인력 양성이라는 차원에서 각급 교육 기관을 대상으로 실시하게 된 거지. 정보화 마인드 확산이라는 목표 아래 학생을 포함한 일반인 전체를 대상으로 홍보 활동하고 제1회 전국 컴퓨터 경진대회를 개최하는 등 범국민적 차원에서 행사를 주최했지.

그럼 국내에서는 PC가 어떻게 대중화되었어요?

1980년대 초중반 이래 세계적으로 PC의 보급이 급속히 진전되면서 국내에서도 많은 기업들이 PC 사업에 진입하였단다.

세계 PC업계는 10여 개의 미국 회사들이 경합하는 상황이었지. 이들이 공급하는 PC는 모두 독자적으로 설계된 것들이어서 타 기종과의 소프트웨어 호환성이 결여되어 있었어. 그래서 사용자들은 매우 불편해했지. 그런 소비자들의 요구에 맞게 호환기 생산업체들도 생겨났단다.

1983년을 전후로 하여 국내에서도 여러 기업들이 국산 컴퓨터를 제조하겠다는 다짐으로 PC 산업에 진입했잖아? 하지만 원천 기술이 부족해서 대부분 호환기종의 생산을 목표로 했단다.

1984년 실시한 제1회 컴퓨터 경진대회 대통령상은 금성 시스템엔지니어링 과장인 임유성 씨가 받았다. 그가 개발한 소프트웨어는 '컴퓨터 트레이너'로 컴퓨터 교육을 쉽게 할 수 있는 대화식 프로그램이었다. 그는 수상 소감으로 "컴퓨터가 생활의 전 분야에 이용되고 있기 때문에 컴퓨터를 다룰 줄 알아야 하는 것은 현대인의 상식이 되고 있습니다. 컴퓨터를 이용하는 데 있어서 기본적인 방법이 바로 소프트웨어지요"라고 밝혔다.

국내 기업이 생산한 호환기종들을 살펴보면 국산 교육용 컴퓨터, 애플 II, IBM PC/XT로 나뉜단다.

애플 II는 삼보컴퓨터, 청계천 세운상가를 배경으로 한 50여 중소업체들이 생산했어. 패키지화된 DOS 운영체계 외 최신식 마이크로프로세서를 채택해서 만들었지.

IBM PC/XT 계열은 현대전자, 금성, 삼보컴퓨터, 삼성전자, 대우전자 회사들이 만들었어. 마이크로소프트의 PC-DOS 운영체제와 인텔의 마이크로프로세서를 채용했지.

국내업체가 생산한 호환기종은 OEM 방식으로 미국에 역수출하기도 했다고 하니 우리나라도 기술이 많이 발전했지?

참, 요즈음엔 컴퓨터를 어디서 구입하지? 회사 매장이나 인터넷, 전자제품 백화점을 주로 이용하지? 1980년대 당시 아빠는 주로 세운상가를 애용했단다. 세운상가는 1966년에 세계적으로 유명한 대한민국 건축가 김수근이 만든 것으로 주상복합형 대형 상가였단다. '세운(世運)'은 '세상의 기운이 다 모여라'라는 뜻인데 당시 국내 유일의 종합 가전제

품 상가로서 엄청난 호황을 누렸지. 1980년대 말 PC 보급이 확산되면서 컴퓨터와 소프트웨어 대부분이 이곳에서 거래되었어. 상가 주변에도 전기·전자 부품점을 비롯하여 조명용품점들이 들어서 마치 '도심 속의 미로'처럼 매우 복잡했지.

1987년 용산전자상가가 건설되면서 1990년대 이후 이곳의 상가 대부분이 용산으로 이전함으로써 상가도 점차 쇠락하기 시작했단다. 그래서 2000년대 들어서는 상가를 철거하고 녹지공간을 조성하기 위한 '세운 녹지축 조성사업'이 추진되었지. 그래도 아직까지 일부는 사용하고 있으니 언제 아빠랑 놀러 가볼까? 귀찮다고? 내가 말 안 했나? 이곳이 영화촬영지로도 사용되었던 거. 영화 〈초능력자〉는 세운상가와 연결된 오피스텔에서 찍었고 영화 〈도둑들〉의 총격 장면에서도 주인공이 줄을 타고 상가 외벽을 올랐갔단다. 베니스 영화제 최우수상을 탄 〈피에타〉는 상가 주변의 꼬불꼬불한 골목에서 찍었단다. 이제 너도 한번 가보고 싶지?

완공 후 세운상가 일대 (2009)

 8비트 게임 키드는 모두 클래식을 듣고 자랐다

1980년대의 아이들은 대부분 8비트 컴퓨터를 사용하며 자라났다. 컴퓨터가 있는 아이들은 학교가 끝나면 더 이상 운동장에서 공을 차지 않았다. 헐레벌떡 집으로 달려가 가방을 집어던지고 컴퓨터를 켰던 것이다. 컴퓨터가 생소했던 그 시절의 아이들은 지금 세대의 아이들보다 훨씬 더 게임에 중독되어 있었다. 당시 8비트 게임은 마치 레고 장난감과 같이 2차원의 단조로운 그래픽이었다.

지금 게임은 실사와 구분하기 힘들 정도로 현실감 있는 그래픽 효과, 대서사시 같은 스토리텔링, 그리고 영화음악과도 같은 웅장한 게임 음악이 밑바탕되어야 하지만 당시 게임은 단순한 격파를 하며 장애물을 점프하고, 특수 아이템을 얻어 갖게 된 특별한 능력이라고는 총알이 커지는 정도나 점프 실력이 높아지는 수준에 그쳤다.

무엇보다 돋보이는 8비트 게임의 특징은 음악에 있었다. 요즈음 출시되는 게임들은 보통 1년 이상 공들여 개발하는 데다 배경음악도 10~20여 곡까지 사용하고 입체 게임의 현장감을 더하는 입체 서라운드의 효과음은 수백 개가 넘는다.

반면 8비트 게임은 합창단과 오케스트라까지 동원되는 지금의 게임 음악과 비교되게 단조로운 미디(MIDI, Musical Instrument Digital Interface) 전자음을 사용하였다. 최근엔 추억의 소리라 하여 그 미디음이 녹음된 MP3가 인터넷에 떠돌기도 하고 스마트폰 배경음악으로 깔리기도 한다.

8비트 게임 음악을 사랑하는 사람들은 단조롭고 반복되는 리듬이 오히려 중독성이 있다는 긍정적인 평가를 한다. 하지만 지금은 우습게 보이는 8비트 게임을 하던 세대들은 가요나 팝송을 즐겨 듣고 자라는 요즈음 세대와 달리 클래식 음악을 듣고 자랐다. 그것도 본의 아니게 말이다.

1985년에 게임 '슈퍼마리오'와 인기 경합을 벌였던 액션 게임 '챌린저'에는 슈베르트의 〈군대행진곡〉이 사용되었다. 가볍고 빠른 미디음이 게임의 긴장감을 더했다.

대표적인 8비트 게임인 '코나미의 남극탐험'에서는 앙증맞은 펭귄이 하얀 얼음판을 가르며 달릴 때 프랑스의 작곡가 에밀 발퇴펠의 〈스케이터 왈츠〉를 사용하였다. 또 펭귄이 모든 여행을 마무리하고 베이스캠프에 들어갈 때는 미국의 남북전쟁 시절에 작곡된 헨리 클레이 워크의 〈종을 울려라, 파수꾼이여〉를 사용하였다. 또 늑대들에게 잡혀간 새끼 돼지를 구하는 엄마 돼지 이야기 '마메의 뿌얀'이란 게임에서는 풍선을 타고 내려오는 늑대들의 풍선을 화살로 맞혀 떨어뜨리는 장면에서 드보르작의 〈위모레스크〉를 사용하였다. 원곡에 비해 게임에서는 〈위모레스크〉에 엇박자를 더해 익살스러운 분위기를 더했다.

— 〈스포츠서울〉 2011년 6월 22일자

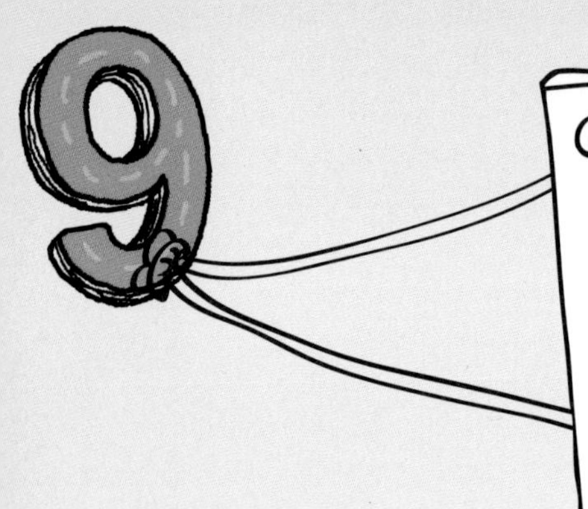

서영이는 아파트 정문에서 영상 도어락을 통해 아빠에게 문을 열어달라고 부탁한다. 문이 열리자마자 아파트 내에 있는 우편무인창구 앞으로 가서 외국으로 유학 간 친구에게 보낼 선물을 집어넣고 전자결제를 통해 소포비를 결제했다. 엘리베이터를 탄 서영이는 올라가는 동안 엘리베이터 내에 설치된 모니터 광고를 통해 요즈음 극장에서 어떤 영화를 상영하는지 확인해보고 스마트폰으로 예매를 했다.

서영이는 문득 아빠가 해주었던 이야기가 떠올랐다. 아빠가 얘기해주던 세상은 아날로그에서 디지털화되는 세상이었는데 어떻게 이렇게 빨리 변했지? 고작 1세대밖에 차이가 안 나는데 말이다.

지문인식을 통해 현관문을 열고 들어오자마자 서영이는 아빠에게 쪼르르 달려갔다.

"아빠, 나 궁금한 게 있어요!"

"뭔데?"

"내가 방금 미국으로 보낼 우편물을 우편함에 넣고 소포비를 결제했는데 내가 돈을 냈는지 안 냈는지 우체국 아저씨가 어떻게 알아요?"

"그야 네가 돈을 내는 동시에 우체국 컴퓨터에 입금 확인이 되는 거지."

"그러니까 그게 어떻게 가능하냐고? 돈은 여기서 냈는데 어떻게 저기서 확인되냐고요?"

"그야, 우리 아파트 안의 우편함이랑 우체국 컴퓨터가 인터넷으로 연결되어 있으니까 가능하지."

"인터넷이 그런 것까지도 해요?"

"그럼, 우리나라는 IT 강국이니까 모든 정보가 인터넷을 통해 양방으로 전달된단다. 참 편리하지?"

"우리나라는 어떻게 IT 강국이 된 거예요?"

"참 이제 보니 아빠가 컴퓨터의 발달사만 이야기해주었지, IT 이야기는 빼먹었구나. 그럼 오늘은 IT 이야기를 해줄게. 들어볼래?"

우리나라 IT 산업은 어떻게 시작되었어요?

한국에서는 1982년 서울대학교와 ETRI(Electronics and Telecommunication Research Institute, 한국전자통신연구원) 사이에 SDN(System Development Network)을 구축한 것을 인터넷의 시초로 보고 있단다. 지난번에 아빠가 1970년대에는 급격히 증가하는 전화 가입 수를 통신 시설의 증가 속도가 따라가지 못하는 전화 적체가 심각했다는 이야기는 했었지? 따라서 전자 교환기 개발과 도입을 담당할 연구 기관이 필요했단다. 그래서 ETRI가 만들어진 거야. ETRI는 설립 이후 오늘날까지 IT 분야의 기술개발에 주도적인 역할을 하여 국내 IT 제품이 세계 시장을 주도하는 데 결정적인 기여를 했지.

1982년엔 우리나라 최초의 메모리 반도체 32K 롬(ROM)을 개발하는 데 성공했어. 오늘날 스마트폰이 대세인 이유로 집 전화에 대한 관심이 뚝 끊겼지만 ETRI의 가장 큰 연구 성과는 바로 집 전화에 이용된

TDX(Time Division Exchange, 전전자 교환기) 개발이란다. 전화기 역사를 얘기할 때도 말했지만 한번 더 설명해줄게. 전화는 수동식으로 전화기 옆에 달린 손잡이를 돌려 자석 발전기를 이용하는 방식이었지만, 기계식 교환기로는 늘어만 가는 전화 가입 수요를 더 이상 감당할 수 없었단다. 전화 적체와 관련된 문제는 바로 '교환기'였어. 이것으로 전화 적체를 해결할 대응 방안이 제시된 거야. 이미 세계의 유수 IT 강국들은 전자식 교환기 개발을 통해 상용화까지 이룬 상황이었어.

1981년 한국도 드디어 전자교환기 개발을 최종 확정하고 연구에 들어가게 된단다. 연구개발 기간은 5년이었으며 연구비도 240억 원이라는 우리나라 사상 초유의 대형 프로젝트였단다. 그리고 결국 1982년 한국에서 최초로, 세계에서는 10번째로 한국형 전전자교환기 TDX-1이 세상에 나온 거지. 1가구 전화 및 전국 전화 자동화가 실현된 거란다. 또한 TDX 개발은 이후 CDMA, Wibro, DMB 상용화의 초석이 되었단다.

ETRI는 1988년에는 4M, 16M, 64M, 256M 용량의 메모리반도체를

TDX 개발의 핵심은 인간의 피?

TDX 개발의 막대한 연구비 때문에 정부가 연구개발을 최종 승인하기까지 한 가지 조건이 있었다. 바로 개발에 실패할 경우 어떠한 처벌도 달게 받겠다는 서약서를 연구원들로부터 받는 것이다. 이름하여 'TDX 혈서'다. "연구원 일동은 최첨단 기술인 전전자 교환기의 개발을 위해 최선을 다할 것이며, 만약 실패할 경우 어떠한 처벌이라도 달게 받을 것을 서약한다"는 내용이었다. 소장은 물론 개발단장, 부서장과 연구원 들은 한 장의 서약서에 서명을 하며 혈서를 쓰듯 비장한 심정이었다고 전한다. 우리나라 IT 발전의 운명이 달려 있던 TDX 개발, 그 뒤에는 이러한 '혈서'를 쓸 정도의 굳은 각오와 비장함이 숨어 있었던 것이다.

– 〈중도일보〉 2012년 11월 5일자

한국형 전전자교환기 TDX-1

개발해 한국이 세계 시장에서 주도권을 확보하는 데 일조했어. 1996년에는 세계 최초로 CDMA 방식 상용화에 성공했으며, 2004년에는 휴대인터넷서비스인 WiBro와 지상파 DMB를 세계 최초로 개발했단다. 2010년에는 4세대 휴대폰 이동통신 기술인 'LTE-Advanced' 역시 개발했어. ETRI의 연구 개발의 경제적 파급 효과는 무려 104조 원에 달한다고 하니 한국 IT 산업의 심장이라고 해도 과언이 아니겠지?

ETRI의 성과는 듣기만 해도 자랑스러워요. 그럼 통신의 발달은 사회에 어떻게 적용되었어요?

1980년은 산업과 기술 분야에서 컴퓨터와 통신이 결합함으로써 경제 사회 전반에 커다란 변화가 진행되었던 시기란다. 선진국의 정부조직, 민간 기업들은 이미 정보화를 추진하고 있었지. 한국의 급속한 경제 성장에 발맞추어 공공서비스에 대한 국민의 요구가 증대되는 시점에서 효율적인 관리 시스템이 필요했단다.

1989년 7월 국가기간전산망사업 계획안이 수립되고 행정, 금융, 교육 연구, 국방, 공안 등 5대 분야별 전산망으로 구분하여 추진되었단다. 전산망 사업의 목표는 2000년대 초까지 선진국 수준의 정보사회를 실현하기 위해 1990년대 중반까지 국가기간 전산망을 완성하는 것이었단다.

행정 전산망의 성과는 주민등록, 부동산, 고용, 통관, 경제통계, 자동차 관리 등을 전산화했다는 것이고, 금융 전산망은 은행 전산망 구축에 중점을 두고 추진했단다. 교육 전산망은 학교 내 컴퓨터 이용 환경을 조성하고 컴퓨터 교육을 지원하였지. 연구 전산망은 대덕연구단지를 중심으로 시범연구망을 구축하고 시스템공학 연구소의 슈퍼 컴퓨터를 중심으로 국내 대학 및 연구 기관을 상호 연결했단다.

무엇보다 괄목할 만한 성과는 국내에서 하는 올림픽에 전산시스템이 사용되었다는 것이지. 너도 86아시안게임과 88서울올림픽을 들어봤지? 네가 태어나기 전의 일이라 잘 모르겠지만 당시에는 올림픽이 우리나라에서 벌어진다는 사실에 전 국민이 자랑스러워했단다. 하지만 원활한 경기 운영을 위해서 대회 전산시스템이 필요했지.

1982년 5월 한국통신은 아시안게임 및 서울올림픽 통신 지원 사업을 효율적으로 추진하기 위해 올림픽통신실무반을 편성하고 반장 밑에 종합계획 담당, 선수촌 및 경기장 담당, 보도통신 담당을 두고 대회를 준비했어. 1984년 11월엔 기존 대회준비 조직을 올림픽통신지원본부로 개편해 조직을 보강하고 지원본부는 올림픽 통신지원계획 종합관리, 통신시설

올림픽 때문에 생겨난 것은 경기장만이 아니었다. 많은 외국인이 올 것을 대비해서 그들의 편리에 맞게 다양한 전산기기가 개발되어 국내에 첫선을 보였다. 현장감을 살리려는 보도진의 욕구에 부흥하기 위해 메인 프레스 센터에는 컬러 사진 전송기를 설치했고 정숙을 요하는 공간을 고려해 전화벨 대신 램프에 불이 들어오는 램프부착 자동 전화기가 만들어졌다. 또 시외전화, 국제전화를 할 때 통화요금이 표시되고 통화 종료 시 자동으로 영수증 발급하는 장치도 만들어졌다. 무엇보다 주목을 끈 건 이전의 주화용 공중전화기 대신에 만들어진 카드식 공중전화였다.

설비 및 건설계획 종합 조정, 통신수요 종합 관리, 서비스계획, 전화번호부 발행, 임시취급소 및 안내센터 설치에 관한 사항을 담당했단다. 지금은 너무나 당연한 대회전산시스템이 당시에 최초로 이루어진 것이기에 모두 긴장하며 준비했단다. 행여나 문제가 생기면 대회 운영에 차질이 생기니까. 경기운영시스템은 한국과학기술원과 시스템공학센터가 맡았고 종합정보망서비스는 한국데이터통신이, 대회 관련 지원시스템은 쌍용컴퓨터와 한국전산이 맡았지. 이렇게 성공적인 개최를 위한 염원 아래 전산망, 통신망 정비에 총력을 기울여 성공적인 대회를 치렀다는구나. 이 계기를 통해 국내 통신 기술은 한 단계 더 발달했단다.

그럼 지금 없어서는 안 될 인터넷 통신이 대중화된 건 언제부터였어요?

PC통신과 인터넷 통신 서비스가 상용화된 1990년대라고 할 수 있어.

1982년엔 정보화 사회를 촉진하려는 목적으로 정부와 민간이 합동 출자한 주식회사 데이터통신이 만들어졌지. 1985년부터는 IT서비스에 대한 국민 계몽과 참여를 촉진하기 위해 국내 데이터 뱅크 서비스를 무료로 제공했단다. 이것이 PC통신인 천리안 서비스로 1988년 상용화되었단다.

1992년에는 한국통신의 하이텔, 1994년엔 나우콤의 나우누리, 1996년 유니텔 등 PC통신 서비스를 제공하는 사업자들이 대거로 출현했단다. 그리고 1993년엔 종합 정보 통신망인 ISDN을 구축하는 데 성공

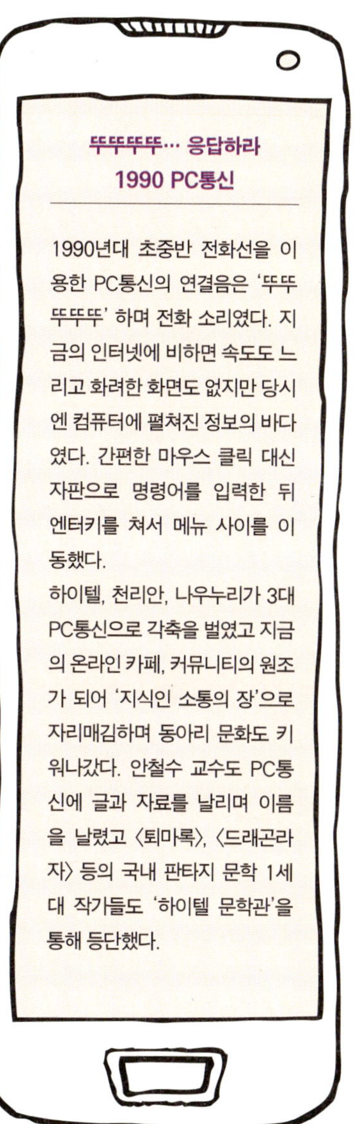

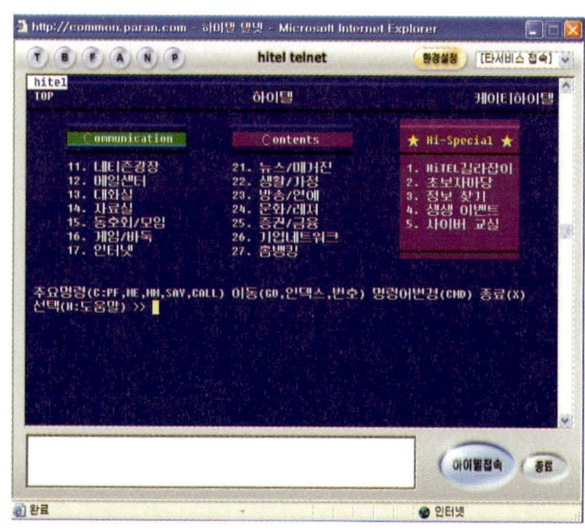

한국통신 하이텔 초기 화면

ISDN이란

Integrated Services Digital Network의 약자로 음성, 문자, 영상 등의 다양한 서비스를 종합적으로 제공하는 종합정보통신망. 위성통신·광섬유 등 대용량 통신 기술과 디지털 전송 기술을 이용한 통신망으로서 전화·전신·데이타·화상 등 모든 정보의 교환과 전송을 디지털 통신망에서 가능하게 한다. ISDN을 이용하면 광케이블을 통해 하나의 전화선으로 전화나 컴퓨터 통신, 팩시밀리 등과 같은 통신 서비스를 동시에 사용할 수 있는 등 기존의 전화망(PSTN)에 비해 다양한 통신서비스를 고속·고품질로 제공받을 수 있다.

했어.

1994년 6월 한국통신의 KORNET이 구축되어 일반인에게 인터넷 서비스가 상용화되고 그 외 PC통신 서비스 제공업체들을 주축으로 초기 인터넷 서비스를 개시하게 되었단다. 이러한 인터넷 서비스 상용화를 기리며, 많은 이들이 1994년을 인터넷 역사의 원년으로 여기게 되었다는구나.

그럼 초고속 인터넷은 언제부터 사용하기 시작했어요?

초고속 인터넷은 1990년대 중반부터 시작되었단다. 1996년 두루넷 초고속 인터넷 접속 서비스 사업자가 출현했고 1998년 7월에 CATV망을 활용한 초고속 인터넷 서비스(2Mbps 이상의 속도)를 제공했지.

1997년엔 제2의 시내전화 회사로 '하나로통신'이 공식 출범했어. 초고속 통신 분야에서 국내 제1의 사업자가 되는 것을 목표로 광케이블, CATV망, ADSL, 초고속 데이터통신용 ATM 교환기 등 첨단 장비를 바탕으로 1999년 4월부터 ADSL 서비스를 시작했단다. 2000년부터는 최대 가입자망을 보유한 한국통신이 ADSL 서비스 확산에 앞장서면서 초고속 인터넷에 가입하는 가구 수가 폭발

ADSL 기존의 전화선을 이용하여 컴퓨터가 데이터 통신을 할 수 있게 하는 통신 수단이다. 별도의 회선을 설치하지 않고도 기존에 사용하던 전화선으로 통신이 가능하다는 장점이 있다.

적으로 늘어났지. 정보통신부가 유비쿼터스 개념의 IT 정책을 수립하며 IT 산업 기술을 지속적인 성장 동력으로 채택하고 발전시킨 덕분이란다.

유비쿼터스가 뭐예요?

통신의 발달은 언제 어디서나 어떤 기기로든 각종 콘텐츠를 자유자재로 이용할 수 있는 네트워크 환경을 추구한단다.

이를 만능 정보 통신망, 즉 유비쿼터스(Ubiquitous)라고 하는데 유비쿼터스는 '언제 어디에나 존재한다'라는 뜻의 라틴어가 어원이야. 마치 촘촘히 짜인 실처럼 통신망이 모두 연결되어 있어서 사용자는 자신이 필요한 정보나 서비스를 그때그때 얻을 수 있지. 아빠가 지금까지 얘기했던 산업 발전은 크게 전자 기기와 통신이었지? 유비쿼터스는 전자 기기와 통신을 결합하여 이

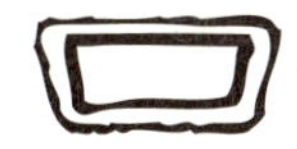

룰 수 있는 환경이니 지금까지의 발전사가 유비쿼터스로 모아지고 있다고 말할 수 있어.

예를 한번 들어볼까? 아빠의 지갑에 카드가 몇 개가 있지? 주민등록증, 운전면허증, 신용카드, 의료보험증, 교통카드 등 셀 수 없이 많아서 지갑이 두꺼워져 아빠는 불편하단다. 미래에는 이 모든 카드가 통합된 U카드가 나온단다. U카드는 여권도 통합되어 세계 어디서든 이 카드 하

나로 모든 것이 해결되지. 즉 해외여행을 갈 때도 카드 하나만 달랑 들고 갈 수 있는 세상이 올 거야.

또 병원의 모든 자료가 통합된단다. 예를 들어 내과, 외과, 혹은 안과에 갈 때 지금은 검사를 따로따로 하지? 미래에는 어떤 병원에 가도 내 자료를 검색해서 과거의 병과 검사 기록, 현재 몸 상태 등을 체크하여 정밀하게 진찰할 수 있게 되지. 또 첨단 로봇이 수술을 대신하고 접수처가 아니라 그냥 자동지급기에 신용카드를 긁으면 처방전이 나온단다.

미래의 자동차는 움직이는 사무실이라고 할 정도로 모든 기능을 다 갖추고 있을 거야. 네가 목적지를 설정해놓고 자동운전시스템을 켜면 운전에 신경 쓰지 않아도 된단다. 그럼 뭘 하냐고? 차 안에 있는 컴퓨터를 이용해 다른 일을 할 수 있고 영상전화를 이용해 아빠와 화상통화를 할 수도 있지. 영화를 보거나 게임을 할 수도 있고 급하게 뭔가 구입해야 하면 인터넷으로 전자상거래도 가능하단다. 그때가 되면 차가 막혀서 할 일을 못하는 일이 없어지겠지?

미래에는 아파트마다 로봇도우미가 하나씩 있을 거야. 로봇은 가사일을 하고 모든 정보와 서비스를 주인에게 제공하지. 그땐 엄마가 할 일이 없어서 심심하게 될 거야. 또 집에서 모든 것을 할 수 있어서 네가 몸이 아파 학교를 못 가도 친구들을 만날 수 있단다. 어떻게 만나냐고? 증강현실을 이용하는 거지. 즉 네가 네 방에 친구를 초대하고 싶을 때 친구가 직접 안 와도 네 방에 친구의 모습이 존재하게 하는 거지. 물론 만져지지는 않지만 마치 실제 네 앞에 있는 것처럼 느껴진단다.

그럼 체육은 어떻게 하냐고? 그때가 되면 너희 반 학생 모두가 접속

유비쿼터스를 체험할 수 있는 디지털 도서관

한 스포츠 게임으로 가상 발야구나 가상 배구도 할 수 있단다. 그땐 거꾸로 네가 시뮬레이션 안경을 쓰고 몸에 센서를 달고 게임 속으로 들어가야겠지?

미래에는 옷에도 컴퓨터 장치가 있어서 추워지면 몸을 따뜻하게 하고 더워지면 시원하게 할 수 있단다. 그럼 겨울에는 지금처럼 껴입지 않아도 되겠지?

한번 상상해봐. 아침이 되면 커튼이 저절로 젖혀지고 토스트기의 빵과 냉장고에 있는 우유가 인공지능으로 작동해서 아침식사가 만들어지지. 동시에 목욕탕에 뜨거운 물이 저절로 받히고. 컴퓨터가 만들어준 아침을 먹으며 그날 입고 갈 옷을 스마트폰을 이용해 선별하면 옷이 옷장에서 저절로 튀어나오지. 집에서 나오면 자동차가 미리 집 앞에 나와 있

스마트폰을 이용한 증강현실

고 목적지를 입력하면 자동 운전되어 학교나 회사까지 안전하게 데려다 주는 모습 말이야. 생각만 해도 신나지? 아빠가 비밀 하나 알려줄까? 지금까지 말한 것들 중에 이미 현실화된 것도 있단다.

컴퓨터 · 통신 산업 관련 직업

1. 시스템반도체 설계기술자

시스템반도체(비메모리반도체 또는 SoC(System on Chip)라고도 함)는 자료 저장을 목적으로 하는 메모리반도체와는 달리, 특수한 기능을 수행하도록 설계된 반도체를 말한다. 각종 가전제품에서 휴대폰, 자동차까지 지능화되면서 효율적인 시스템반도체를 설계 · 개발하는 분야에 대한 관심이 증가하고 있다. 최근 급격히 성장하는 스마트폰이나 태블릿 등 모바일 기기의 경우, 통화 품질을 높여주어야 할 뿐만 아니라, 게임이나 SNS, 동영상 시청 등은 고사양 기능이 요구되는데, 이에 따라 작은 칩 안에 고성능의 CPU, GPU, 메모리, 비디오, GPS, 모뎀 등이 하나의 시스템으로 집적하는 시스템반도체 기술이 더욱 중요하게 강조되고 있다. 그리하여 시스템반도체를 설계 · 개발하는 데에는 고도의 회로설계 기술, 나노 기술, 초정밀가공 기계 기술(MEMS) 등과 같은 집약된 기술이 필요하며 이러한 이유로 메모리반도체보다 부가가치가 높은 분야로 주목을 받고 있다.

시스템반도체 설계기술자는 이와 같은 시스템반도체를 고객의 요구에 맞게 설계하는 일을 하는 사람을 말한다. 전자공학이나 전자회로, 전자기학 등의 지식을 바탕으로 하나의 칩에 다양한 기능을 수행하는 요소들을 적절히 배치하고 배선하는 회로를 구성 · 설계하고 검증하는 업무를 수행한다. 이렇게 설계된 반도체 회로를 토대로 일반적인 반도체 제조 공정에 따라 시스템반도체를 만드는데, 시스템반도체 설계기술자들은 반도체 제조회사에서도 일하기도 하지만, 반도체 설계만 수행하는 전문기업에서 일하기도 한다.

2. RFID 시스템 개발자

RFID는 Radio Frequency IDentification의 약자로, 무선주파수를 이용한 초소형 칩으로 이해할 수 있다. 우리 주변에서는 교통카드나 하이패스 등에 RFID가 내장되어 있는데, 이들 제품 안에는 안테나와 정보가 기록되는 집적회로가 하나로 통합된 RFID 태그가 있다. 이 태그에서 전파를 이용하여 나오는 정보를 RFID 판독기(리더)가 수신하여 정보를 처리하게 된다. 이러한 구조 때문에 RFID는 물류산업이나 재고관리 등의 분야에서 효율성을 높이는 기술로 각광을 받고 있다.

RFID 시스템 개발자는 RFID 기술을 응용하여 새로운 제품을 설계하거나, 기존의 제품을 개선하여 효율성을 높이거나, 또는 RFID 기술을 기반으로 다양한 정보를 신속하게 수집할 수 있도록 정보서비스를 개발하고 설계하는 일을 한다. 특히 축적된 경험을 바탕으로 RFID 기술을 다양한 분야에 응용하는 역할이 앞으로 강조될 것으로 주목받고 있다.

3. 스마트폰 앱 개발자

스마트폰의 대중화로 언제 어디서나 유용한 모바일 서비스에 대한 기대
가 증가하면서 스마트폰 앱 개발자의 수요는 더욱 증가할 것으로 기대
되고 있다. 스마트폰 앱 개발자는 스마트폰에 탑재할 각종 애플리케이션
프로그램을 개발하는 사람을 말한다. 하나의 앱은 대개 기획, 제작, 유통
의 절차로 개발되는데, 개발하는 앱의 규모에 따라 기획자, 디자이너, 프
로그래머 등의 전문가들이 하나의 팀을 이루어 작업을 하기도 한다. 스
마트폰의 운영체제에 따라 앱을 개발하기 위한 디바이스(device)나 개발
툴, 개발 언어가 다르기 때문에, 앱 개발을 위한 다양한 지식이나 노하우
등을 갖추는 것이 중요하다. 이러한 특성 때문에 관련 분야를 전공하는
것이 유리하기도 하지만, 비전공자의 경우에도 1년 정도의 훈련을 받으
면 개발자로 일을 할 수 있다.

4. 로봇공학 엔지니어

로봇은 두 발로 걷는 휴머노이드(Humanoid)에서 산업용 로봇, 로봇청소기까지 매우 다양하다. 일반적으로 로봇공학 엔지니어는 로봇의 구성요소를 연구 · 개발하고 하나의 단일체로 조립, 제작하는 일을 하는 사람을 말하지만, 분야에 따라 매우 다양하게 이해할 수 있다. 하나의 로봇이 움직이려면 기계공학적으로는 모터나 회로기판이 필요하고, 전자공학적으로는 기구들을 제어할 수 있는 프로그램이 운영되어야 하며, 사물을 탐지하기 위해서는 센서 기술이나 인공지능 등이 필요한 것처럼, 매우 다양한 분야가 망라된 영역이라 할 수 있다. 그리하여 로봇공학 엔지니어는 전자제어기술, 센서기술, 영상처리기술, 인공지능 등을 활용하여 로봇을 설계, 운영하기도 하고, 전기, 전자, 기계장치를 자동화하는 설비를 연구, 개발하기도 하며, 공장의 생산설비를 자동화하기 위한 최신 제조기술, 자동화기술 등을 자문하기도 한다. 또한 생산현장에서 사용되는 산업용 로봇이나 자동화 시스템을 설치하고 운용하는 업무도 수행한다. 로봇은 생산현장이나 일상생활 등의 다양한 분야에 적용될 가능성이 크기 때문에 로봇공학 엔지니어의 수요는 앞으로 증가할 것으로 전망된다.

참고 자료

한국직업정보시스템 www.work.go.kr
한국고용정보원 편,《신성장동력, 미래의 직업세계를 가다》, 한국고용정보원, 2009.
커리어넷 직업정보 www.career.go.kr

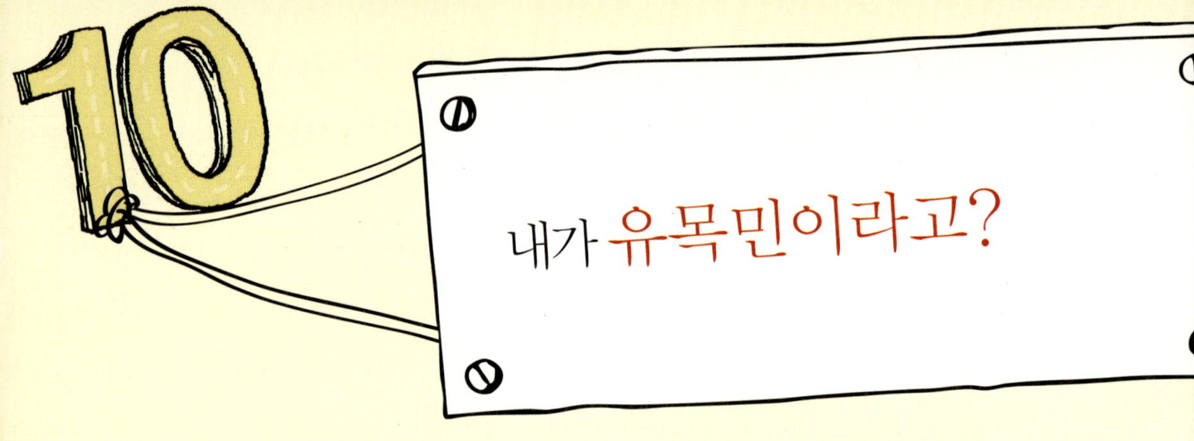

기다리고 기다리던 방학이 찾아왔지만 서영이는 걱정이 앞섰다. 가족여행으로 일주일간 제주도에 가기로 했는데 해야 할 방학 숙제와 학교 숙제가 태산이다. 서영이는 침울한 얼굴로 아빠에게 찾아갔다.

"아빠, 나 이번 가족여행 못 갈 것 같아요."

"응? 그게 무슨 소리니? 아빤 가족여행 때문에 휴가도 신청했는데."

"학교 숙제도 해야 하고 학원 숙제도 해야 해서 집에 있어야 할 것 같아요."

"꼭 집에서 해야 해?"

"네, 책도 봐야 하고 인터넷 검색도 해야 하고, 할 게 무척 많아요."

"제주도에서 할 수 없을까?"

"우리가 머무는 숙소에 인터넷이 안 될 수도 있잖아요."

"서영아, 넌 유목민이란다. 유목민이란 계속 이동하면서 사는 사람이란다."

"유목민이라고요?"

"그래 넌 디지털 유목민이야."

"디지털 유목민?"

아빠는 방으로 들어가 가방 하나를 가지고 나오더니 가방에서 무언가를 꺼내 서영이의 앞에 늘어놓았다.

"서영아 이게 뭔 줄 아니? 아빠가 해외 출장을 갈 때 가져갔던 짐이란다. 아빠는 이것들을 아직 잘 사용할 줄 모르지만 그래도 이것들 덕분에 해외에서도 모든 업무를 마칠 수 있었단다."

서영이 앞에는 스마트폰, 노트북, 이동형 Wibro 수신기가 놓여 있었다. 서영이는 고개를 갸우뚱했다.

"아빠, 그런데 이것들이 유목민이랑 무슨 상관이 있는 거죠?"

"그럼 아빠가 오늘은 21세기 디지털 유목민에 대해 얘기해줘야겠구나. 내 얘기를 듣고 제주도 여행을 갈지 안 갈지 다시 생각해보렴."

디지털 유목민이 뭐예요?

영어로 디지털 노마드(Digital Nomad)라고 하는데 정보기술의 발달로 등장한 21세기형 신인류를 뜻하는 용어야. 노마드(Nomad)는 '유목민, 정착하지 않고 떠돌아다니는 사람'을 뜻한단다. 예전엔 이런 사람들을 집 없는 사람들이라고 불쌍하다 생각했지만 현재는 인터넷과 최첨단 IT 기기를 가지고 사무실 없이 새로운 가상조직을 만들며 살아가는 인간형을 말해. 프랑스의 사회학자 자크 아탈리는 그의 저서 《21세기 사전》에서 21세기형 신인류의 모습으로 디지털 노마드를 소개했는데 정보기술의 발달을 통해서 이제 인류는 한곳에 정착할 필요가 없어진다고 예견했단다.

정보와 지식이 중심인 현재의 디지털 시대에는 삶의 질을 극대화시키기 위해 자유로우면서 창조적인 생각을 하는 유목민이 증가하고 있어. 그들은 생산과 소비를 주도하면서 사회의 주도세력으로 떠오를 것으로 분석되고 있지.

반면 코쿤(Cocoon, 보호막)족이라 불리는, 한곳에 머물러 안정을 지향하는 사람들도 동시에 증가할 것이란 전망이 있어. 이들은 디지털 유목민과 대조되는, 정착 성향이 강한 그룹으로 급격한 사회 변화에 대응해 가족, 안정, 인간 등의 개념을 중시한단

다. 굳이 도시로 나오지 않아도 시골이나 섬에 살면서 인터넷을 통해 얼마든지 세계를 접하고 다양한 사람과 소통할 수 있으니 말이야.

어쨌든 디지털 노마드나 코쿤족들은 휴대폰, 노트북, PDA 등과 같은 첨단 디지털 장비를 휴대한 채 자유롭게 떠돌 수 있고 디지털 기기를 이용하여 시공간의 제약 없이 인터넷에 접속하여 필요한 정보를 찾고 쌍방향 커뮤니케이션을 나눈단다. 디지털 신인류는 자유롭고 창조적인 사고방식의 인간형으로, 첨단 IT를 이끌며 디지털 시대의 리더가 되어 가고 있다는구나.

디지털을 얘기하니 제일 먼저 떠오르는 게 디지털TV예요. 디지털TV는 어떻게 발전하나요?

고화질의 선명한 HD가 점점 커지고 있는 것은 너도 잘 알 거야. 이제 집에서도 극장처럼 커다란 화면으로 영화를 볼 수 있으니 말이야. 근데 풀HD TV 시대를 넘어 UD(초고해상도) TV의 시대가 다가오고 있다는

UD TV

거 넌 아니?

UD는 풀HD보다 해상도와 화소수가 4배가량 높아 선명하고 정확한 화질을 구현할 수 있어 사람의 머리카락 한 올까지 또렷하게 보이는 초고화질 디스플레이란다.

TV 생산업체들의 UD TV 출시 경쟁도 뜨겁단다. 2012년 1월에 열린 세계전자전시회 'CES 2012'에서 삼성전자와 LG전자는 각각 70인치 UD TV와 84인치 UD TV를 선보였단다.

소니, 샤프 등 일본 업체들도 글로벌 시장에서 이전의 명성을 되찾기 위해 UD TV로 승부수를 띄웠다고 하니 앞으로 경쟁이 더 치열해지겠지? 현재 TV는 대형화와 고해상도를 중심으로 발전되고 있단다. 대형화의 경우 성공적으로 진행되고 있지만 대형 TV는 화면이나 색감이 달라지는 등 해상도에 약점이 있다고 하니 UD급 디스플레이를 탑재할 경우 이러한 대형 TV의 단점을 보완할 수 있겠지?

또 3D TV의 발전이 있어. 이제 2차원 시대는 가고 3차원 입체 시대가 오고 있으니. 3D의 원리가 뭐냐고? 사람의 눈은 2개이기 때문에 실제 사물을 볼 때 양쪽 눈은 각각 조금씩 다른 각도로 사물의 형태를 인식한단다. 두 눈에 들어온 영상 신호가 합쳐져 하나의 영상으로 인식되는 과정에서 두뇌는 각 사물의 3차원적인 원근과 깊이를 인지하게 되는 거지. 하지만 TV는 2차원 평면상에 영상을 표시하니까 보는 각도가 달라져도 두 눈에 전달되는 영상은 동일하겠지? 그런데 만약에 TV에서 나오는 영상이 왼쪽 눈 전용과 오른쪽 눈 전용으로 분리된다면?

현재는 편광 방식과 셔터 방식의 안경으로 3D TV 회사가 안경 경쟁을 하고 있단다. 편광 방식이란 TV 주사선을 짝수와 홀수로 나눠 왼쪽과 오른쪽을 분리해 볼 수 있는 것인데 화면이 깜빡이는 현상을 줄이는 데 유리해 상대적으로 눈의 피로가 덜하다는 장점이 있어. 하지만 주사선을 절반씩 나누다 보니 해상도가 떨어진다는구나. 그래도 안경 구조가 단순해서 안경 값이 저렴하다는 장점도 있어.

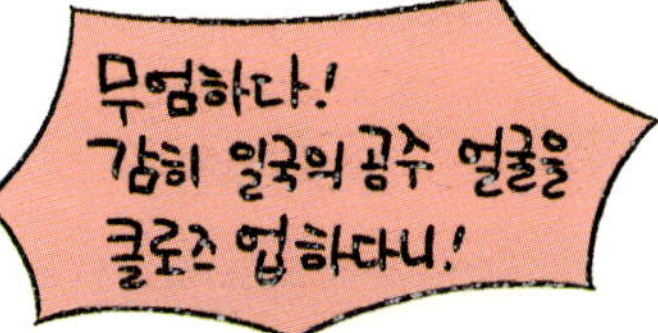

HD TV의 등장으로 연예인들이 피곤해졌다?

사람의 땀구멍까지 보이는 초고화질 HD 기술은 실제 눈으로 보는 것보다 더 선명하게 보이는 특징이 있다. 기존의 다큐멘터리에만 이용되었던 HD TV 방송이 드라마, 예능 프로그램 등 전 프로그램으로 차츰 확산되면서 출연자들이 몸살을 앓게 되었다. 피부가 좋아야 하는 건 물론이고 분장을 해도 분장한 티가 안 나야 하는 것이다. 방송국 분장사들은 새로운 분장법을 연구해야만 했으며 아날로그에서 디지털의 전환이 분장사들의 분장 도구까지 전환시켰다.

반면 셔터 방식은 주사선을 나누지 않고 왼쪽과 오른쪽 눈에 해당하는 영상을 아주 빠른 속도로 번갈아 출력해서 선명한 화질로 볼 수 있단다. 그러나 깜빡임 현상으로 인해 눈이 금세 피로해질 수 있는 단점이 있지.

안경이 필요 없는 3D TV도 있다는구나. 어떻게 그게 가능하냐고? 화면 앞에 무수한 구멍이 뚫린 차단막을 배치해서 차단막의 구멍이 뒤에 있는 화소가 엇갈리게 보이도록 배치되어 안경을 쓰지 않아도 양쪽 눈에 각각 다른 영상이 도달하게 되는 원리지. 그러나 시야각이 매우 좁아 조금만 각도를 바꿔도 입체감이 사라질 수 있으니 제자리에 꼼짝 않고 앉아서 봐야 하지. 하지만 기술이 더 발전하면 지금의 모든 약점들이 보완되겠지?

음향 기기는 디지털이 없어요? 공부하다 보면 TV 보다는 음악을 많이 듣게 되거든요

아빠가 예전에 말한 거 기억하니? MP3는 음악파일을 압축한 거라고. 그래서 많은 곡을 기기에 담을 수 있지. 하지만 압축했기 때문에 완벽한 음질로 들을 수는 없단다. 앞으로는 '무손실 압축 포맷'으로 기기가 발전하여 고음질 디지털 음악을 들을 수 있단다. 현재까지는 저장 기술의 한계 때문에 용량 문제에 걸려 압축을 해야만 했지만, 메모리 기술이 발전하면 압축하지 않은 많은 곡을 담을 수 있고 인터넷 기술이 발전하면 이런 고용량 파일을 빠르게 전송받을 수 있지.

이런 시대가 다가올수록 CD는 없어질 테니 레코드 숍은 CD를 파는 것이 아니라 신곡을 충전해 주는 형태의 숍으로 발전하겠지? 너처럼 게으른 사람은 인터넷 서비스를 통해 집에서 다운 받으면 되고 말이야. 생각해보니 아빠 젊을 때 DJ들은 수십 장의 레코드를 들고 다녔는데 요즈음 DJ들은 노트북 하나만 가지고 다닌다고 하니 참 편리해졌단 말야. 하지만 음악의 디지털화는 저작권 문제에 관련된 부작용도 낳고 있단다.

최근의 음반시장은 대부분 디지털 음원 시장이지? 음악의 디지털화는 사용자가 음악을 단순히 듣기만 할 뿐 아니라 휴대폰 벨소리로 변환한다든지, 자신이 촬영한 동영상 배경음악으로 사용할 수 있는 등 음원을 다양한 용도로 사용할 수 있게 되어 편리한 점이 있지. 이런 장점을 악용해 CD를 MP3파일로 변환하고 파일을 무한복제해서 돈 주고 음악을 사지 않는 사람도 늘어났단다. 이런 현상을 막기 위해서 DRM 기술이 나오게 되었지.

DRM이란 MP3파일 등 저작권이 있는 디지털 음악파일을 구매했을 경우 사용자가 무단 복제하거나 여러 기기에서 쓸 수 없도록 만든 프로그램이란다. DRM이 적용돼 있으면 파일을 복사하더라도 다른 디지털 기기에서 재생할 수 없지. 하지만 해커들이 이런 DRM을 해체하는 프로그램을 개발해서 배포하고 있다니 아빠는 걱정이구나. 음악을 공짜로 들으면 좋은 거 아니냐고? 아니 절대 안 된단다. 그것은 도둑질이니까 불법적인 일이지. 또 모두가 음원을 공짜로 가지게 되면 결국 음반시장이 망하게 되고 가수들은 더 이상 음악을 만들 수 없게 되지. 그럼 네가 좋아하는 아이돌 가수도 더 이상 볼 수 없게 된단다. 그건 너도 원하지 않지?

컴퓨터는 어떻게 발전할까요?

컴퓨터의 발전 방향은 크게 두 가지로 나뉘지. 반도체의 발달로 인한 경량화와 디스플레이 발달로 인한 고화질화란다. 데스크탑이나 노트북

은 CPU가 발달하면서 점점 작아지고 있는데 이는 제조 공정이 세밀화되면서 반도체가 점점 작아지기 때문이야. 이전보다 작은 공간에 더 많은 회로를 넣어 성능을 향상시키면서도 남은 공간에는 전력 관리 모듈이나 메모리 컨트롤러 등의 새로운 추가 기능을 탑재할 수 있게 되었단다. 특히 노트북은 USB나 RGB 출력 등 사용자 편의성과 확장성을 고려하는 외부 연결 모듈 때문에 크기의 한계가 있었는데 이런 부품을 생략하게 되면 두께는 훨씬 더 얇아질 수 있단다.

1985년 출시된 최초의 노트북 도시바 T1100은 두께 7cm, 무게 6kg이었는데 노트북이 10년마다 2cm씩 얇아지고 있다는구나. 최근에 애플에서 나온 노트북은 1.7cm에 1.08kg이라 하니 앞으로 더 발전하면 얼마나 더 작아질까? 컴퓨터의 이런 놀라운 발전에는 대한민국의 반도체 기술이 큰 몫을 했단다. 1983년부터 반도체를 개발한 우리나라는 뛰어난 기술력으로 미국과 일본에 이어 세계 3위 메모리반도체 생산 수출국이 되었지. 현재 우리나라 최고 수출 품목 1위가 반도체라는 것은 너도 알지? 현재 미국의 인텔사와 1, 2위를 다투며 세계 시장에서 경쟁하고 있다 하니 컴퓨터 발전의 중심에 대한민국이 있다 해도 과언이 아니겠지?

컴퓨터의 디스플레이를 얘기해볼까? 노트북의 성능과 디자인이 구매

할 때 무척 중요한 요소로 작용한 만큼 디스플레이의
화질과 해상도 또한 고려하지 않을 수 없지?

T1100은 5인치 모니터에 53×24 텍
스트였다는구나. 그 말은 53개의
문자를 24줄까지 표현할 수 있
는 디스플레이라는 거지. 노트
북의 디스플레이는 점점 커지며 높은
해상도로 발전한단다. 13인치의 1600×900
해상도를 지나서 17.3인치 16:9 와이드 화면비의 1920×1080 풀HD
해상도도 나오게 되었지. 물론 화면의 크기는 용도에 따라 작아지기도
하지만 해상도만큼은 계속 발전하고 있단다. 최근엔 풀HD 디스플레이
를 탑재한 노트북이 많이 나오며 풀HD가 노트북 디스플레이의 표준이
되어가고 있다는구나.

요즘 노트북
조금 더 가볍게, 조금 더 얇게,
조금 더 선명하게.

음악이 디지털화가 되고 있으니 라디오도 디지털화되고 있겠네요? 라
디오의 디지털화는 어떻게 이루어져요?

사실 라디오의 디지털화는 아직 발전 단계란다. 너도 놀랐지? TV 디지
털화보다 더 쉬울 것 같은데 말이야. 거기에 얽힌 재미있는 이야기가 있
는데 한번 들어볼래?

라디오 방송의 디지털화는 텔레비전에 비해 더딘 속도를 보였지. 언제
시작할지도 결정하지 못하는 상황이었단다. 왜냐면 텔레비전 방송에 비
해 정책적으로 우선순위나 사회적 영향력 등에서 뒤처져 있었기 때문이
야. 네가 요즈음 라디오방송을 듣기보다 TV를 많이 보는 것처럼.

사실 아날로그 방식인 FM/AM 라디오는 애초에 고정된 장소에서 수

신하기 위해 개발됐기 때문에 이동 중에 수신할 경우 음질이 떨어지고 넓은 주파수 대역이 필요하다는 단점이 있단다.

2009년 1월 방송통신위원회는 아날로그 방송의 디지털 전환이 완료되면, 라디오 역시 순차적으로 디지털로 전환할 예정이라고 밝혔단다. 디지털 라디오로 전환되면 라디오의 프로그램 제작에서부터 전송 및 수신에 이르는 전 과정을 디지털화할 수 있으며 이동 중에도 CD 음질 수준의 음악 청취가 가능하고 양방향으로 데이터를 교환하며 교통정보, 음악 가사 제공 등 다양한 부가 서비스를 받을 수 있지. 그때가 되면 라디오에 문자나 이메일로 사연을 보내지 않고 직접 라디오에 사연을 입력하여 전달할 수 있게 될 거야. 신기하지?

그런데 재미있는 건 라디오의 디지털화 과정에서 DMB 개발이 이루어졌다는 거야. 유럽에서 만든 디지털 오디오 방송인 DAB(Digital Audio Broadcasting)를 우리나라에 도입하는 과정에서 동영상 서비스라는 새로운 가능성을 발견하게 됐고, 방송위원회는 DAB에 '멀티미디어 방송'의 의미를 추가한 DMB라는 용어를 만들어내고 DMB 개발에 박차를 가했어. 이후 우리나라는 2005년 세계 최초로 DMB 방송을 시작하며 DMB 종주국의 자리를 확고히 하고 있단다.

너도 잘 아는 DMB는 휴대폰과 TV를 융합한 기기이지. 사람들은 더 이상 고정된 장소가 아닌 어디서든 TV를 볼 수 있게 되었단다. 마치 유목민처럼 말이야. 특히 지하철이나 버스로 이동하는 자투리 시간을 그냥 멍하니 보내지 않아도 된다는 사실에 사람들은 DMB를 반가워했지. 특히 2002년 월드컵과 2006년 월드컵 때는 DMB가 큰 역할을 해냈단다. 한순간도 놓치지 않고 봐야 하는 스포츠경기를 이동하는 시간에 볼 수 있었던 건 DMB가 아니면 불가능했겠지?

이동통신의 디지털화는 어떻게 되고 있어요?

아빠가 전에 이야기했다시피 이동통신의 디지털화는 2세대부터 이루어졌지. 현재는 3세대 이동통신으로 불리는 IMT-2000에 뒤이은 이동통신 서비스인 4세대를 발전시키는 중이란다. 4세대는 하나의 단말기를 통해 위성망·무선랜·인터넷 등을 모두 사용할 수 있는 서비스를 말해. 이 기술이 실현되면서 이동전화 하나로 음성·화상·멀티미디어·인터넷·음성메일·문자메시지 등의 모든 서비스를 해결할 수 있어. 1세대인 아날로그 이동전화나 2세대인 디지털 이동전화는 물론이고, 고속멀티미디어 서비스인 3세대 IMT-2000보다도 최대 전송속도가 10배 이상이나 빠르고, 동영상·인터넷 방송 등 대용량 데이터 역시 수백Mbps 속도로 보낼 수 있단다.

4세대 이동통신 기술 개발은 초고속 패킷무선전송기술, 고정무선통신기술 및 모바일 소프트네트워크 기술 개발이 진행 중이며 100Mbps/20MHz 전송 속도의 독자적 무선접속, 전송 기술의 규격과 시험 시스템 개발, IMT-2000망과 연동이 가능한 5GHz 대역의 무선 랜 및 핵심 기술 개발을 진행 중이란다. 2011년 1월 4세대 이동통신기술 LTE-Advance 개발에 성공하여 세계 최초로 이동 시연을 가졌어.

동시에 WiBro 개발 사업도 펼쳤단다. WiBro는 이동하면서 인터넷을 이용할 수 있는 무선 광대역 인터넷 서비스를 말해. 최대 전송 속도는 10Mbp, 최대 전송 거리는 1km, 시속 120km/h로 이동하면서 사용 가능하지. 2003년 ERTI 자체 규격에 의해 OFDMA 방식을 사용하여 2.3GHz에서의 첫 무선 인터넷 접속에 성공했고 2004년 12월 국제 규격을 적용한 시제품으로 시속 20km로 달리는 버스 안에서 1Mbps 속도의 인터넷 접속 및 실시간 방송 서비스를 선보였단다. 2005년 11월

에는 APEC를 통해 세계 시장에 처음으로 WiBro를 선보이는 시연회 개최하고 뜨거운 관심을 받았단다.

그 뒤 KT는 시범망 구축 작업을 병행하여 2006년 KT와 SKT를 통해 세계 최초 WiBro 상용 서비스가 시작되었어.

융합형 기기로 세상은 어떻게 바뀌고 있죠?

그래, 지금까지 아빠가 얘기해주었던 전자 기술의 발전은 점점 하나로 모이고 있단다. 네가 처음 궁금해했던 라디오나 TV, 휴대폰, 그리고 인터넷, 이 모든 것들은 단지 기기만 발달했던 게 아니라 통신기술이 함께 발전하여 유비쿼터스까지 가능한 디지털 유목민을 만들었지.

융합형 기기란 이 모든 기술이 총집약되어 하나의 기기 안으로 들어갈 수 있는 것을 말해. 다양한 것이 있겠지만 대표적으로 네가 사용하는 스마트폰을 얘기하지 않을 수 없겠구나.

예전엔 전화 통화만 할 수 있던 휴대폰이 문자나 이메일은 물론이고 인터넷을 이용하고 동영상과 사진을 촬영, 편집할 수도 있게 된 게 모두 스마트폰 덕분이지. 또 다양한 기능의 애플리케이션이 지속적으로 개발되고 있어 스마트폰의 기능은 무한하다고 할 수 있어. 처음에 네가 얘기했듯이 스마트폰으로 현재 위치 주변의 병원이나 약국을 찾고, 버스 도착 시간을 확인하고, 전자책도 읽고, 인터넷 뱅킹도 할 수 있어. 언제 어디서든 좋아하는 가수의 신곡을 감상할 수 있고, 무료한 시간에 게임을 즐기기도 하지? 그 외에도 스마트폰과 애플리케이션을 통해 할 수 있는 일은 일일이 열거할 수 없을 만큼 무궁무진해. 심지어 최근엔 벽에다 스크린을 만들어 대형 화면을 볼 수 있는 프로젝터 기능의 스마트폰도 나왔단다. 스마트폰만 있으면 언제 어디서든 극장에서처럼 영화를 즐길 수 있는 거지.

스마트폰이 갖는 가장 중요한 특징은 와이파이(Wi-Fi, 무선랜)나 3G, 4G 이동통신망을 이용해 '언제 어디서든', '부담 없는 비용'으로 인터넷에 접속할 수 있다는 점이야. 특히 와이파이는 인터넷은 물론 전화 통화도 저렴하게 이용할 수 있어 스마트폰의 최대 수혜로 손꼽을 수 있단다. 이런 모든 기술들의 발전에 우리나라가 중심 역할을 하고 있다 하니 아빠는 무척 자랑스럽단다. 그런데 이런 편리가 때론 걱정이 된

프로젝터 스마트폰

단다. 요즈음 학생들은 수업시간에 선생님 몰래 스마트폰을 가지고 친구와 문자를 하거나, 게임이나 인터넷 검색을 한다는 얘기를 들었어. 또 집에 와서도 가족들과 시간을 보내기보다 방 안에 틀어박혀 컴퓨터로 인터넷을 하거나 게임을 하지.

전문가들은 요즈음 아이들이 점점 '소통장애자'가 되어가고 가상현실에 익숙해지며 실제 현실에서의 적응력이 떨어져간다고 하는구나. 아빠가 예전에 얘기했지? 가상과 현실을 구분해야 한다고. 디지털 기술이 발달하면서 그 경계가 점점 모호해지고 있기 때문에 그게 어려운 건 이해해. 하지만 이 때문에 어른들이 미처 예상하지 못했던 끔찍한 일도 벌어지곤 했었지. 실제로 컴퓨터 게임을 하다가 게임 아이템 때문에 다른 사용자와 싸우고 살인을 저지른 친구도 있었고 사람을 죽이는 슈팅 게임을 하다가 충동적으로 자기 이웃을 죽인 아이도 있었지. 또 게임중독에 걸려 밥도 안 먹고 잠도 안 자고 게임만 하다가 죽은 아이들도 비일비재하단다.

우리가 명심해야 할 것은 기술 발전의 중심엔 사람이 있다는 거야. 그래서 사람에게 해가 될 수 있는 것은 반드시 주의해야 하고 융합형 기기를 쓰려면 너도 똑똑해져야 한단다. 기기에 네가 함몰되는 것이 아니라 기기를 똑똑하게 사용할 수 있어야 하지.

스마트폰 같은 21세기 융합형 기기의 장점은 인터렉티브(Interactive) 즉, 쌍방향으로 이용 가능하다는 점이야. 그 말은 두 가지를 의미해. 네가 스마트폰을 이용해 세계의 어느 누구와도 소통할 수 있다는 점과 너로 인해 기기도 발전할 수 있다는 점이야. 예를 들어 네가 사람들에게 도움이 될 만한 애플리케이션을 만들면 모두가 그것을 사용하게 될 수 있는 거지. 스마트폰 시대에는 누구나 발명가가 될 수 있단다. 네가 프로그래밍을 못 하더라도 기술자 친구를 만나 너의 아이디어로 얼마든지 만들 수 있어.

융합형 기기가 세상을 어떻게 바꾸고 있냐고 물어봤지? 아빠가 생각하기에 가장 큰 변화는, 그동안 인류의 기술 발전이 특정한 전문가들을 주축으로 정부의 정책과 함께 이루어졌다고 한다면 이제는 모두가 전문가가 될 수 있고 인터넷을 통해서 각자의 기술을 확산시킬 수 있다는 점이야.

대표적인 것으로는 소셜 네트워크가 있지. 네가 잘 아는 페이스북, 트

융합형 기기가 사람을 구하다?

아이티 대지진 참사의 숨은 일등공신은 소셜네트워크 서비스인 트위터와 페이스북이었다. 지진 참사 후 언론이 접근하기도 전에 현장에서 지진을 겪은 사람들이 자신의 경험과 사진을 스마트폰을 통해 소셜 미디어에 올린 것이다.

전 세계인들은 스마트폰을 이용해 아이티 지진 피해 상황을 알렸고 구호품과 기금이 전 세계로부터 순식간에 모아졌다. 또 스마트폰의 단문 메시지 모금도 있었는데 휴대폰으로 501501을 눌러 'YELE'라는 단어를 보내면 자동으로 사용자 계좌에서 5달러를 기부할 수 있었다. 이 현상은 개인 미디어 + 소셜 네트워크 + 스마트폰이 결합해서 가능했던 융합형 기기의 역할 사례로 뽑힌다.

위터, 카카오톡 같은 플랫폼은 하나의 인터넷 월드라 할 수 있지. 그곳에서 다양한 사람들이 만나 의견을 소통하고 새로운 것을 함께 발전시켜 나갈 수 있단다. 특이한 건 페이스북, 트위터, 카카오톡은 실제 세상이 아닌 웹상의 세상이라 그동안 우리가 보아왔던 정책적인 노력, 거기서 오는 갈등도 필요가 없다는 거지. 그 말은 보이는 세상의 변화는 많은 노력이 필요했지만 보이지 않는 세상에서는 무엇이든 가능하다는 거란다. 물론 소셜네트워크 플랫폼도 보이는 세상에서 뒷받침해준 덕에 가능해졌지만 말이다.

소셜네트워크로 무엇을 할 수 있냐고? 우선 세계의 다양한 친구들을 쉽게 만날 수 있지. 그들 중에는 네가 좋아하는 연예인도 있고 각계의 전문가도 있단다. 넌 그들과 소통하면서 네가 모르는 지식을 얻을 수 있고 너의 지식을 전할 수 있단다. 이렇게 사람과 사람이 만나다 보면 새로운 아이디어가 발전되고 그것으로 인해 세상이 변할 수 있는 거지.

예를 들어 '위키디피아'라는 온라인 백과사전은 인터넷을 이용하는 사람이면 누구나 자유롭게 글을 써서 참여할 수 있단다. 쉽게 말하면 인

터넷 이용자들이 직접 사전을 만드는 것이라 생각하면 돼. 생각만 해도 신나지 않니? 네가 쓴 사전을 전 세계 사람들이 본다니 말이야.

융합형 기기의 발전은 결국 사람과 사람을 더 쉽고 빠르게 연결하는 데 기여했단다. 세상은 융합형 기기를 통해 점점 하나가 되어가고 있고 그 중심에 대한민국이 있으니 이제 넌 자랑스러운 대한민국 국민으로서 네 꿈을 자유롭게 펼치렴. 파이팅!

세상은 다시 원래대로 돌아가고 있다?

태초에 신이 있었다. 신은 단 하나의 존재, 'The One'이었고 세상에 그 외엔 아무것도 없었다. 무슨 이유에서인지 신은 자신을 분해시켜 무수한 조각으로 쪼개고 그것이 무한히 뻗어나가 우주를 만들었으며 그 우주엔 신과 닮은 수많은 불완전한 인간이 살게 되었다. 그들은 각자의 이익을 위해 서로 싸우고 경쟁했으며 가장 강한 자가 권력을 가지고 약한 자를 다스리게 되었다. 이런 먹이 사슬 속에서 인류 역사엔 전쟁이 끊이지 않았고, 인간의 욕심으로 자연환경이 파괴되어 인간이 설 자리가 점점 없어지며 인류 종말의 위기가 찾아왔다.

그런 와중에 세상을 구할 영웅이 탄생했으니 그의 이름은 'SNS(Social Network Service)'다.

이 이야기는 빅뱅으로 인한 우주 탄생에서부터 SNS가 나오기까지의 현실을 바탕으로 한 스토리텔링이다.

IT와 융합형 기기의 발전을 토대로 탄생한 SNS는 지금 세상을 빠르게 변화시키고 있다. SNS란 친구, 선후배, 동료 등 지인들과의 관계망을 구축해 주고 이들의 정보관리를 도와주는 서비스를 말한다. 즉 인터넷 상에서 다른 사람들과 친구 또는 사회적 관계를 맺는 서비스이다. SNS는 1995년 PC통신 기반 채팅 위주의 커뮤니티로부터 출발해 발전했다. 이후 PC통신에서 월드와이드웹(WWW)으로 진화하면서 이 같은 SNS 환경 역시 크게 변화했다.

1995년 국내 포털 '다음'이 처음 생기면서 활발한 마케팅을 펼쳤을 때의 광고 문구는 '새로운 세상에서 다른 사람을 만나보라'였다. 왕성한 카페 활동으로 성장하던 '다음'은 1999년 '프리챌'로 회원들이 대규모 이동하면서 쇠퇴했고, 이후 '프리챌'은 다양한 카페 활동으로 성장했지만 갑작스러운 서비스 유료화로 회원들이 대거 이탈했다. 이어 1999년 '싸이월드'와 학연을 기반으로 하는 '아이러브스쿨' 등이 등장하면서 SNS 환경이 강화됐다.

2003~2004년을 거치면서 블로그의 발달과 함께 서비스가 본격화되기 시작했는데, 비즈니스 인맥 서비스 링크나우, 세컨드 라이프형 1인 미디어 아지트, 멘토 기반의 가치교환 서비스 피플투 등이 대표적인 SNS로 대두되고 있다. 하지만 국내의 경우 다른 국가와 비교했을 때 다양한 SNS가 많지 않은 것이 현실이다. 현재에는 싸이월드 이후 스마트폰을 이용한 SNS, 카카오톡, 카카오스토리가 가장 대중적으로 사용되고 있다.

전 세계적으로 유저들이 많은 SNS에는 페이스북과 트위터가 있다.

페이스북은 한국의 싸이월드처럼 사용자들이 서로의 개인정보와 글, 동영상 등을 상호 교류하는 온라인 SNS의 대표격이다. 당시 하버드대학교 학생이었던 마크 저커버그(Mark Zuckerberg)가 2004년 2월 4일 개설하였다. 13세 이상이면 누구든 이름 · 이메일 · 생년월일 · 성별을 기입하는 간단한 절차를 거치면 회원으로 가입할 수 있어, 2012년 2월 8억 명 이상의 사용자가 활동 중인 전 세계 최대의 SNS로 부상했다. 대표적인 기능인 '친구 맺기'를 통해 많은 이들과 웹상에서 만나 각종 관심사 또는 정보를 교류하고, 다양한 자료를 공유할 수 있다. 저커버그는 2010년 미국의 시사주간지《타임 *TIME*》지가 선정한 '올해의 인물'에 뽑혔다.

트위터는 140자 이내 단문으로 개인의 의견이나 생각을 공유하고 소통하는 사이트다. 'twitter(지저귀다)'의 뜻 그대로 재잘거리듯이 일상의 작은 얘기들을 그때그때 짧게 올릴 수 있는 온라인 공간이다. 트위터는 블로그의 인터페이스에 미니홈피의 '친구맺기' 기능, 메신저의 신속성을 한데 모아놓은 소셜네트워크 서비스라고 볼 수 있다.

트위터의 주요 기능은 관심 있는 상대방을 뒤따르는 '팔로(follow)'라는 기능이다. 자기와 비슷한 생각을 지닌 사람을 '팔로어(follower)'로 등록하여 실시간으로 정보나 생각, 취미, 관심사 등을 공유한다. 상대방이 허락하지 않아도 '팔로어'로 등록할 수 있어 관심 있는 유명인사를 등록해놓고 그들의 동정을 파악하거나 격려 메시지를 보내기도 한다.

트위터의 매력은 실시간으로 정보가 공유되고 확산된다는 점으로, 블로그보다 쉬운 인터페이스에, 미니홈피보다 즉각적이며, 메신저보다 빠른 확산력이 있다. 미국의 첫 흑인 대통령이 된 버락 오바마가 대통령 선거에서 승리하는 데 트위터를 이용한 홍보 효과를 톡톡히 본 것으로 알려져 있으며, 기업들도 홍보나 고객 불만 접수 등 다양한 방법으로 활용하고 있다. 한국에서도 사용자가 급속히 확산되는 추세이며, 현재 전 세계 사용자 수는 2012년 6월 기준으로 5억 명을 넘어섰다.

소셜네트워크 서비스의 공통점은 웹에 직접 접속하지 않더라도 스마트폰 등으로 글을 올리거나 받아볼 수 있으며, 댓글을 달거나 특정 글을 다른 사용자들에게 퍼뜨릴 수도 있다는 것이다. 모바일 애플리케이션으로도 이용할 수 있기 때문에 자기가 어디에 있건 뭘 하고 있건, 모바일로 자기가 남기고 싶거나 얘기하고 싶은 것들은 트위터에 남겨 다른 사람들과 대화도 할 수 있다.

소셜네트워크 서비스의 대표적인 기능은 '소통'이다. 국가와 이념, 종교, 인종 등으로 갈등했던 세계인들은 웹이라는 가상의 세계에서 모두 평등하게 되었고 각자의 생각을 자유롭게 펼칠 수 있게 되었다. 소셜네트워크 서비스의 사용자들은 자신들이 사는 실제 세계와 가상 세계를 구분하지 않고 가상의 세계에서 가능한 일을 실제 세계에서 재현하려 노력하고 있다. 대표적으로 환경운동과 기아구제활동, 재해구호, 정치개혁 등의 사회적 운동 외에도 홍보와 상품 판매, 기업 관리 등 상업적 용도에도 활용되고 있다.

컴퓨터나 스마트폰만 있으면 세계인들과 쉽게 소통할 수 있으며 그 누구도 소외되지 않고 '인류'라는 원래 하나인 구성원으로 돌아갈 수 있다.

| 사 진 도 움 주 신 곳 |

12쪽   A-501 ⓒ LG전자역사관

13쪽   1961년 당시 박정희 의장 금성 연지동 공장 방문 ⓒ LG전자

13쪽   라디오 실황중계 ⓒ 연합뉴스

30쪽   구미산업단지 전경 ⓒ 경북프라이드뉴스

32쪽   VD-191 ⓒ LG전자역사관

38쪽   제2회 한국전자박람회 ⓒ 영상역사관

40쪽   CES에 참가한 삼성과 LG 전시관 ⓒ 삼성전자, LG전자

44쪽   스마트 TV 애플리케이션 화면 ⓒ 연합뉴스

50쪽   전화기를 시연하고 있는 벨 ⓒ 게티이미지

51쪽   자석식 교환기 ⓒ 연합뉴스

51쪽   공전식 교환기 ⓒ 연합뉴스

56쪽   701A형 ⓒ KT링커스 자료실

57쪽   다이얼 전화기 ⓒ 연합뉴스

58쪽   전국적 전화 적체 현상에 관한 삽화 ⓒ 동아일보

67쪽   1984년 당시 카폰 ⓒ ENB산업뉴스

73쪽   삐삐 ⓒ istockphoto

76쪽   다양한 PCS ⓒ 연합뉴스

91쪽   《그놈은 멋있었다》 표지 ⓒ 반디출판사

93쪽   스타크래프트 화면 ⓒ 연합뉴스

107쪽   WIPI를 탑재한 휴대폰 ⓒ 연합뉴스

109쪽   아이폰 플랫폼 화면 ⓒ 연합뉴스

111쪽   애플 앱스토어 ⓒ 월간 앱스토리

111쪽   안드로이드 앱스토어 ⓒ 월간 앱스토리

115쪽   과학기술처 개청식 ⓒ 매일경제

118쪽   나대로 선생 카툰 ⓒ 동아일보